因明唐疏论证理论研究

Research on the Argumentation Theory of
Hetuvidyā's Commentaries in Tang Dynasty

汪 楠 著

中国社会科学出版社

图书在版编目（CIP）数据

因明唐疏论证理论研究 / 汪楠著． -- 北京：中国社会科学出版社，2025．7． -- ISBN 978-7-5227-5046-0

Ⅰ．B81-093.51

中国国家版本馆 CIP 数据核字第 20255A4Q98 号

出 版 人	季为民
责任编辑	涂世斌　李嘉荣
责任校对	周　昊
责任印制	李寡寡

出　　版	中国社会科学出版社
社　　址	北京鼓楼西大街甲 158 号
邮　　编	100720
网　　址	http：//www.csspw.cn
发 行 部	010 - 84083685
门 市 部	010 - 84029450
经　　销	新华书店及其他书店
印　　刷	北京君升印刷有限公司
装　　订	廊坊市广阳区广增装订厂
版　　次	2025 年 7 月第 1 版
印　　次	2025 年 7 月第 1 次印刷
开　　本	710×1000　1/16
印　　张	16.75
字　　数	235 千字
定　　价	89.00 元

凡购买中国社会科学出版社图书，如有质量问题请与本社营销中心联系调换
电话：010 - 84083683
版权所有　侵权必究

出 版 说 明

　　为进一步加大对哲学社会科学领域青年人才扶持力度，促进优秀青年学者更快更好成长，国家社科基金2019年起设立博士论文出版项目，重点资助学术基础扎实、具有创新意识和发展潜力的青年学者。每年评选一次。2023年经组织申报、专家评审、社会公示，评选出第五批博士论文项目。按照"统一标识、统一封面、统一版式、统一标准"的总体要求，现予出版，以飨读者。

全国哲学社会科学工作办公室

2024年

序

因明也被称为佛教逻辑，在其发展历程中，曾有两次传入汉地。第一次传入是在南北朝时期，主要为真谛等人译出的古因明著作，但在当时影响并不是很大。第二次传入是在唐代，玄奘西行求法归来，将因明作为立正破邪的工具，先后译讲《因明入正理论》和《因明正理门论》，奘门弟子纷纷为此二论注疏，形成唐代因明注疏体系，即"因明唐疏"。这也是汉传因明史上的第一次研究高潮，对后世影响极为深远。玄奘译讲因明的初衷，在于传授门人论证与反驳的方法，并使之应用于佛学研究。因明唐疏中所蕴含的"立""破"之法（论证理论），在一定程度上体现出玄奘以因明为论辩工具，重视因明实践性的思想内核，也奠定了汉传因明的研究方向。

因明是具有重要文化价值和传承意义的"绝学"、冷门学科，是中华优秀传统文化的重要组成部分。当前，伴随着逻辑学研究出现的认知和语用转向，因明研究也开始更多地关注语用、认知、论辩等非形式因素在论证中的作用。在此背景之下，汪楠《因明唐疏论证理论研究》一书，试图解决传统逻辑、形式逻辑与因明比较的研究困境，从广义的论证理论视角，依托因明典籍，辩名析理，挖掘因明唐疏中的论证理论，把握当代学术前沿，并应用因明唐疏论证理论以分析辩经。具体地，该书分析了因明唐疏论证理论的来源和研究对象、论证机制、论式和论证规则，在论证规则中既从正面阐释了何以"立"，又从谬误中反观何以"破"。由理论到应用，在挖掘、构建因明唐疏论证理论的基础上，运用其深入剖析藏传辩经，显示出因明唐疏论证理论具有重要的方法论意义，能够为分析具体的论辩活动提供重要参考。这不仅能体现因明唐疏论证理论的实际应用，显示因明唐疏顽强的文化生命力，还可以为实现因明与当代论证理论研究互鉴提供可能，有利于弘扬中华优秀传统文化，增强民族文化自信。

汪楠这部著作是在她博士学位论文的基础上，进一步思考完成的。汪楠在我这里攻读博士学位期间，刻苦用功，学习目标明确。首先，汪楠在逻辑学的专业学习上有了很大提高。来到我这里之后，她不但进一步学习了数理逻辑，还跟随我进一步学习了中国逻辑史、西方逻辑史、逻辑哲学等，给我的博士生课程——科学与逻辑方法论、本科生课程——逻辑与批判性思维等做助教，在逻辑学的课程学习和教学实践上都有了很好的体会和进步。都说兴趣是最好的老师，当我知道汪楠在硕士阶段便对因明研究很感兴趣，硕士学位论文就是关于因明的研究时，来到我这里之后不久，即跟她定下了继续以因明为毕业论文选题方向。从2011年到2022年间，在姚南强教授、顺真教授、张忠义教授等因明前辈的鼓励和支持下，我在中国逻辑学会因明专业委员会做了11年的常务理事，参加了各次因明学术讨论会，在研习因明的过程中，我了解到从广义论证理论研究因明，是当前学术界的一个重要课题，于是建议汪楠对此课题开展研究。2018年北京大学因明论坛开启，我向论坛发起人北京大学王勇研究员推荐汪楠为论坛助理秘书，先后参与组织因明讲座十五场，这也让汪楠有机会能够与因明学界诸多学者近距离交流学习。在她的论文开题、预答辩和答辩的各个环节中，得到了顺真教授、达哇教授、刘培育研究员、姚南强教授等因明学界各位前辈的详细指导和多个方面的帮助。在此，特别对王勇研究员和各位因明学界的前辈们致以衷心的感谢！

汪楠的博士论文曾经获得中国人民大学校级优秀博士论文奖，之后又获得国家社科基金优秀博士论文出版项目立项，这也说明了本书作者所下过的功夫。不过，关于这本书中所涉及的学术问题，只是因明研究中的冰山一角。我殷切地期待汪楠能以此书为契机，不断勇攀高峰，在因明的探索中取得更多更好的新成果。

杨武金

2024 年 7 月 25 日

于北京世纪城

摘　　要

　　本书以因明唐疏古籍为依托，探讨因明唐疏中论证与反驳的理论体系。因明唐疏是指在唐朝，玄奘先后译出《因明入正理论》和《因明正理门论》，讲授因明，奘门弟子纷纷为此二论注疏，由此所形成的唐代因明注疏体系。这也是汉传因明第一次研究高潮的理论成果，对后世影响极为深远。其中，窥基的《因明入正理论疏》被认为是因明唐疏中最为详备、水平最高的集大成之作，被称为《因明大疏》或《大疏》。本书在重点考察《因明大疏》的基础上，辅之以因明唐疏中的其他注疏，如文轨的《因明入正理论疏》、神泰的《理门论述记》、净眼的《因明入正理论略抄》和《因明入正理论后疏》等。

　　因明唐疏以正确的论证（能立）和错误的论证（似能立）为主要研究对象，具体阐述了在论辩中，如何提出自己的主张（立宗）、如何为证成该主张提出正确的理由（辨因）、如何为该理由提供好的支撑（引喻）等问题。通过对这些问题的现代分析和诠释，本书认为因明唐疏判定一个论证是否正确，除了要考虑论证的形式是否有效、论据是否真实，还要考虑论证的实效性，即一方提出的论证能否被另一方理解和接受，且实效性是判定论证的根本标准。因此，因明唐疏中的论证并不囿于狭义论证，而是具有动态过程的广义论证。近代以来，在因明论证研究上，大多数学者采用形式化的方法研究三支论式。形式化方法虽然能够清晰地展示因明的论式，但抽离了因明论证中的实质内容。21世纪以后，逻辑学研究发生了认知和语用转向，有些学者开始尝试从非形式因素分析因明三支论式，并有了新的发现和认识。研究因明论证的视角出现从狭义转向广义的趋势，但系统的理论化研究仍未出现。

从广义论证视角系统地分析因明唐疏的理论来源、研究对象、论证机制、论式和论证规则，并应用因明唐疏论证理论分析辩经，具有重要的文化价值和现实意义。首先，因明唐疏是汉传因明研究首次达至高潮的理论成果，自唐代以来，历经千余年，虽几近绝学，仍艰难发展，具有顽强的文化生命力。本书把握当代学术前沿，挖掘因明唐疏中的论证理论，发展具有文化价值和传承意义的"绝学"，有利于弘扬中华优秀传统文化，增强民族文化自信。其次，本书立足广义论证视角，从逻辑、论辩、修辞三个方面研究因明唐疏论证机制、论式和论证规则，全面系统地整合因明唐疏论证理论，为实现因明与论证理论研究互鉴提供可能。最后，由理论到应用，因明唐疏中的论证虽说是佛学论证，但自始至终关注论证的有效性、真实性和实效性，彰显主体分析、推理和判断的理性能力，对促进理性对话、消除意见分歧，具有重要的现实意义。

关键词：因明唐疏；论证；三支论式；实效性；共许极成

Abstract

Based on the text of Hetuvidyā's commentaries in Tang dynasty, this book discusses the theoretical system of argument and refutation. Hetuvidyā's commentaries in Tang dynasty is the annotation system of *Nyāyapraveśa* and *Nyāyamukha* in Tang dynasty. Specifically, in the Tang dynasty, Xuanzang translated *Nyāyapraveśa* and *Nyāyamukha* successively and he taught Hetuvidyā. The system formed by Xuanzang's students annotating and evaluating it. This is also the first time that Chinese derived Hetuvidyā studied the theoretical results of climax, which has a profound influence on the later generations. Among them, *The Commentaries of Nyāyapraveśa* by Kuiji is considered to be the most detailed and the highest level of comprehensive work in the Hetuvidyā's commentaries in Tang dynasty, which is called *The Great Commentaries*. This book focuses on the study of *The Great Commentaries*, supplemented by other Hetuvidyā's commentaries in Tang dynasty. For example, *The Commentaries of Nyāyapraveśa* by Wengui, *The Description of Nyāyamukha* by Shentai, *The Summary of Nyāyapraveśa* and *the Commentaries of Nyāyapraveśa* (*Part* Ⅱ) by Jingyan etc. Because the Hetuvidyā's commentaries in Tang dynasty inherited Dignāga's early Hetuvidyā's thought. Therefore, the study of the argumentation theory of Hetuvidyā's commentaries in Tang dynasty is essentially the inheritance, development and innovation of Chinese derived Hetuvidyā's early new argumentation thought.

The research object of Hetuvidyā's commentaries in Tang dynasty is correct argument and wrong argument. It specifically expounds the issues such as "How to put forward your own claim?" "How to put forward the correct reason for proving the claim?" "How to provide good support for the reason?" and so on. Through the modern analysis and interpretation of these problems, thisbook holds that the effectiveness of demonstration is the fundamental standard for evaluating demonstration in Hetuvidyā's commentaries in Tang dynasty. It should not only consider whether the form of argument is valid and whether the argument is true, but also consider the effectiveness of argument. The direct manifestation of effectiveness is whether the argument put forward by one party can be understood and accepted by the other party. Therefore, the argument in Hetuvidyā's commentaries in Tang dynasty is not limited to the narrow argument, but a broad argument with dynamic process. Since modern times, more scholars used formal methods to discuss the *Triavayava*. Although formal methods can clearly demonstrate argumentation, they are detached from the substance of argumentation. After the 21st century, there has been a cognitive and pragmatic turn in the study of logic. Some scholars began to try to analyze the *Triavayava* from non-formal factors, and have made new discoveries and understanding. the perspective of argumentation has changed from narrow sense to broad sense, but the systematic theoretical research has not yet appeared.

From the perspective of generalized argumentation, thisbook systematically analyzes the argumentation mechanism, argumentation formula and argumentation rules of Hetuvidyā's commentaries in Tang dynasty. It also tries to analyze the debate by using the argumentation theory of Hetuvidyā's commentaries in Tang dynasty. This study has important cultural value and practical significance. Firstly, Hetuvidyā's commentaries in Tang dynasty is the first theoretical achievement of Hetuvidyā's commentaries in Tang dynasty research. Although it is almost extinct for thousands of years, it is still difficult to develop. This shows that it has tenacious cultural vitality. Based on the original text, through analysis, charts, comparison and other research methods, this book explores the argumentation theory of Hetuvidyā's commentaries in Tang dynasty and grasps the academic frontier, so as to develop learning with cultural value and heritage significance, which is conducive to carrying forward excellent traditional culture and enhancing national cultural confidence. Secondly, based on the perspective of generalized argumentation, this book studies the argumentation mechanism, argumentation and argumentation rules of Hetuvidyā's commentaries in Tang dynasty from the three aspects of logic, argumentation and rhetoric. It comprehensively and systematically integrates the argumentation theory of Hetuvidyā's commentaries in Tang dynasty, so as to provide the possibility of mutual learning between Hetuvidyā and argumentation theory. Thirdly, from theory to application, although the argument in Hetuvidyā's commentaries in Tang dynasty is a Buddhist argumentation, but it always pays attention to the effectiveness, authenticity and effectiveness of the argumentation. It shows the rational ability of subject analysis, reasoning and judgment, and has important practical significance for promoting rational dialogue and eliminating differences of opinion.

Key words: Hetuvidyā's Commentaries in Tang Dynasty; Argumentation; *Triavayava*; Effectiveness; Acceptability

目　　录

绪　论 …………………………………………………………（1）

第一章　因明唐疏论证理论来源 ……………………………（30）
 第一节　因明唐疏的认识论 ………………………………（30）
  一　量论 …………………………………………………（31）
  二　唯识论 ………………………………………………（38）
 第二节　因明唐疏"八门二益"的内在关系 ……………（47）
  一　自悟与悟他 …………………………………………（48）
  二　以立破为核心 ………………………………………（52）
 第三节　当前论证理论与因明唐疏论证理论研究的
    契合点 ……………………………………………（55）

第二章　因明唐疏论证理论研究对象 ………………………（60）
 第一节　"立"——论证 …………………………………（61）
  一　能立 …………………………………………………（62）
  二　似能立 ………………………………………………（66）
 第二节　"破"——反驳 …………………………………（68）
  一　能破 …………………………………………………（68）
  二　似能破 ………………………………………………（69）
 第三节　因明唐疏对立破关系的诠释 ……………………（71）
  一　以"四句"探讨立破 ………………………………（72）

二　确定实效性为判定论证真似的根本标准……………… (77)

第三章　因明唐疏论证机制……………………………… (80)
第一节　"因"和"明"的辩证关系 ………………………… (80)
一　因之明 …………………………………………………… (81)
二　明之因 …………………………………………………… (82)
三　因与明异 ………………………………………………… (83)
四　因即是明 ………………………………………………… (84)
第二节　"二因说"到"六因说" ………………………………… (85)
一　世亲《如实论》中的生因与显不相离因 ………………… (85)
二　陈那《门论》中的生因与了因 …………………………… (87)
三　因明唐疏发展"二因说"为"六因说" ……………………… (88)
第三节　"六因说" ………………………………………… (92)
一　言、义、智三分的原因 ………………………………… (92)
二　以言生因与智了因为主 ………………………………… (94)
三　言、义、智的具体所指 ………………………………… (97)
第四节　六因论证机制的图示解释 ……………………… (100)
一　关于"因"的指称 ………………………………………… (100)
二　六因之间的因果关系 …………………………………… (103)
三　六因论证机制图示 ……………………………………… (106)

第四章　因明唐疏论式 ……………………………………… (110)
第一节　论式的发展历程 ………………………………… (110)
一　从五支论式到三支论式 ………………………………… (111)
二　五支论式的优缺点 ……………………………………… (113)
三　三支论式之后发展的论式 ……………………………… (116)
第二节　构成因明唐疏三支论式的各要素 ……………… (119)
一　宗支 …………………………………………………… (120)
二　因支 …………………………………………………… (123)

  三　喻支 ……………………………………………………… (123)
  四　涉及因明唐疏三支论式的其他概念 ………………… (125)
 第三节　因明唐疏三支论式的实质 ……………………………… (129)
  一　因明唐疏三支论式中的概念层级 …………………… (129)
  二　因明唐疏三支论式与形式逻辑的比较 ……………… (132)
  三　因明唐疏三支论式与非形式逻辑的比较 …………… (135)

第五章　因明唐疏论证规则（上） ………………………………… (148)
 第一节　立宗规则：构造对立语境 ……………………………… (148)
  一　"随自乐为所成立" …………………………………… (149)
  二　"宗依极成宗不极" …………………………………… (150)
 第二节　辨因规则：保证论证的充分性 ………………………… (153)
  一　"遍是宗法性"：保证有法与因法之间的不
    相离关系 ……………………………………………… (154)
  二　"同品定有性，异品遍无性"：保证因法与
    所立法之间的不相离关系 …………………………… (156)
 第三节　引喻规则：保证论证的相关性 ………………………… (164)
  一　"说因宗所随"：有因法处必定有所立法 …………… (164)
  二　"宗无因不有"：所立法无处必定没有因法 ………… (165)

第六章　因明唐疏论证规则（下） ………………………………… (169)
 第一节　从非九句因所摄之似因反观因明唐疏
    论证规则 ……………………………………………… (169)
  一　相违决定 ……………………………………………… (170)
  二　相违因 ………………………………………………… (173)
 第二节　共许极成规则：保证论证的可接受性 ………………… (179)
  一　极成真实 ……………………………………………… (181)
  二　以极成成立不极成 …………………………………… (185)
 第三节　简别：对共许极成的应用 ……………………………… (191)

一　自比量、他比量与共比量 …………………………………（192）
　　二　因明唐疏论辩中的策略行为分析 ………………………（194）

第七章　从因明唐疏论证理论剖析藏传辩经 ……………（197）
第一节　从因明唐疏的论式和论证规则看辩经中的
　　　　　应成式 ………………………………………………（198）
　　一　三支论式与应成式 ………………………………………（199）
　　二　敌论者以四种方式回应应成式 …………………………（201）
　　三　因明唐疏论证规则与应成式的论证规则 ………………（203）
第二节　从因明唐疏六因论证机制看红白颜色之辩 ………（204）
　　一　红白颜色之辩 ……………………………………………（205）
　　二　应成连珠的构造规则 ……………………………………（208）
　　三　因明唐疏六因论证机制下的辩经 ………………………（211）

结　论 …………………………………………………………（215）

参考文献 ………………………………………………………（219）

索　引 …………………………………………………………（229）

后　记 …………………………………………………………（234）

图 目 录

图 3-1　窥基《大疏》中六因的因果关系 …………………（104）
图 3-2　沈剑英的六元语用模型图示 ………………………（104）
图 3-3　张忠义的六因论证模式图示 ………………………（105）
图 3-4　王恩洋的六因图示 …………………………………（106）
图 3-5　六因论证机制图示 …………………………………（107）
图 4-1　论证型式的基本结构 ………………………………（138）
图 4-2　三支论式的论证结构 ………………………………（139）
图 4-3　图尔敏论证模型的完整模式或扩展模式 …………（142）
图 4-4　图尔敏论证模型的具体例证 ………………………（143）
图 4-5　基于图尔敏模型的因明三支论式图示 ……………（144）
图 4-6　因明唐疏三支论式的图尔敏论证模式图示 ………（146）
图 5-1　九句因——宗同品、宗异品与因同品 ……………（161）
图 7-1　对应成式的回应 ……………………………………（202）

表 目 录

表1-1　从能量、所量、量果的关系看"四分说" …………（43）
表1-2　"八门二益" ……………………………………………（47）
表1-3　二量与二相 ……………………………………………（55）
表2-1　能立的要素 ……………………………………………（63）
表2-2　真、似能立与真、似能破的关系 ……………………（71）
表2-3　四句图示 ………………………………………………（72）
表2-4　能立与能破的四句 ……………………………………（74）
表3-1　"因"的具体所指 ……………………………………（102）
表3-2　六因论证机制示例 ……………………………………（109）
表4-1　宗支的结构 ……………………………………………（121）
表4-2　因支的结构 ……………………………………………（123）
表4-3　喻支的结构 ……………………………………………（125）
表4-4　论证评价标准（熊明辉）……………………………（141）
表5-1　陈那九句因 ……………………………………………（160）
表6-1　因的后二相与九句因 …………………………………（169）
表6-2　四种相违因 ……………………………………………（174）
表6-3　因明唐疏论证规则 ……………………………………（191）
表6-4　共不定 …………………………………………………（195）
表7-1　红白颜色之辩 …………………………………………（206）
表7-2　红白颜色之辩的形式化 ………………………………（210）
表7-3　从因明唐疏六因论证机制看单个应成式 ……………（212）
表7-4　辩经论证过程 …………………………………………（213）

Contents

Introduction ·· (1)

Chapter 1 The Origin of Argumentation Theory of Hetuvidyā's Commentaries in Tang Dynasty ···················· (30)

  Section 1 Epistemology of Hetuvidyā's Commentaries in Tang Dynasty ·· (30)

    1 *Pramāṇa* ·· (31)

    2 *Vijñānavāda* ·· (38)

  Section 2 The Relationship of "Eight Topics and Two Benefits" in Hetuvidyā's Commentaries in Tang Dynasty ······ (47)

    1 Self-Enlightenment and Enlightening Others ············· (48)

    2 Centering on Argument and Refutation ···················· (52)

  Section 3 The Convergence Point of Current Argumentation Theory and Argumentation Theory of Hetuvidyā's Commentaries in Tang Dynasty ·· (55)

Chapter 2 Research Object of Argumentation Theory of Hetuvidyā's Commentaries in Tang Dynasty ····· (60)

  Section 1 *Sādhana*-Argument ··· (61)

    1 Argument ·· (62)

    2 Wrong Argument ··· (66)

Section 2   *Dūṣaṇa*-Refutation ……………………………… (68)
  1   Refutation …………………………………………… (68)
  2   Wrong Refutation …………………………………… (69)
Section 3   Interpretation of the Relationship between Argument
            and Refutation in Hetuvidyā's Commentaries in Tang
            Dynasty ………………………………………… (71)
  1   Exploring Argument and Refutation with "Four
      Sentences" ………………………………………… (72)
  2   Determining Effectiveness as the Fundamental Standard for
      Judging True and False Argumentation …………………… (77)

Chapter 3   Argumentation Mechanism in Hetuvidyā's
              Commentaries in Tang Dynasty ……………… (80)

Section 1   The Dialectical Relationship between "Yin"（因）
            and "Ming"（明）…………………………… (80)
  1   "Ming"（明）of "Yin"（因）……………………… (81)
  2   "Yin"（因）of "Ming"（明）……………………… (82)
  3   "Yin"（因）is Different from "Ming"（明）………… (83)
  4   "Yin"（因）is the Same as "Ming"（明）…………… (84)
Section 2   From "Two-Cause Theory" to "Six-Cause
            Theory" …………………………………………… (85)
  1   Generative Cause and Cognitive Cause in Vasubandhu's
      Tathāvatāraṇī ……………………………………… (85)
  2   Generative Cause and Cognitive Cause in Dignāga's
      Nyāyamukha ……………………………………… (87)
  3   Development of "Two-Cause Theory" into "Six-
      Cause Theory" in Hetuvidyā's Commentaries in Tang
      Dynasty ……………………………………………… (88)
Section 3   "Six-Cause Theory" ……………………………… (92)

1 Reasons for Division into Word, Meaning and
  Wisdom ·· (92)
2 Dominance of Word-Generative Cause and
  Wisdom-Cognitive Cause ······························· (94)
3 Specific References of Word, Meaning and
  Wisdom ·· (97)
Section 4 Graphical Interpretation of the Six-Cause
           Argumentation Mechanism ····················· (100)
1 Reference to "Yin" (因) ································· (100)
2 Causal Relationship among Six Causes ················ (103)
3 Graphic Representation of Argumentation Mechanism
  of Six Causes ··· (106)

Chapter 4 The Form of Argumentation in Hetuvidyā's Commentaries in Tang Dynasty ················· (110)

Section 1 The Development Process of Argumentative
           Forms ··· (110)
1 From *Quintkarana* to *Tri-avayava* ····················· (111)
2 Advantages and Disadvantages of *Quintkarana* ········ (113)
3 Argument Forms Developed after *Triavayava* ········· (116)
Section 2 Each Element Constituting the *Triavayava* in
           Hetuvidyā's Commentaries in Tang Dynasty ······· (119)
1 Thesis ··· (120)
2 Reason ·· (123)
3 Example ·· (123)
4 Other Concepts Related to *Triavayava* in Hetuvidyā's
  Commentaries in Tang Dynasty ························ (125)
Section 3 The Essence of *Triavayava* in Hetuvidyā's
           Commentaries in Tang Dynasty ················ (129)

  1 Concept Hierarchy in *Triavayava* of Hetuvidyā's
    Commentaries in Tang Dynasty ……………………（129）
  2 Comparison between *Triavayava* of Hetuvidyā's
    Commentaries in Tang Dynasty and Formal Logic ………（132）
  3 Comparison between *Triavayava* of Hetuvidyā's
    Commentaries in Tang Dynasty and Informal Logic ……（135）

Chapter 5 Argumentation Rules in Hetuvidyā's Commentaries in Tang Dynasty（Part 1）………………（148）

 Section 1 The Rule of Establishing the Thesis: Constructing
     an Opposite Context ………………………………（148）
  1 "Sui Zi Le Wei Suo Cheng Li"（随自乐为所
    成立）……………………………………………………（149）
  2 "Zong Yi Ji Cheng Zong Bu Ji"（宗依极成宗
    不极）……………………………………………………（150）
 Section 2 The Rule of Distinguishing the Cause: Ensuring the
     Sufficiency of Argumentation ……………………（153）
  1 "Bian Shi Zong Fa Xing"（遍是宗法性）: Guarantee the
    Necessary Connection between the Minor Term and the
    Middle Term …………………………………………（154）
  2 "Tong Pin Ding You Xing, Yi Pin Bian Wu Xing"（同
    品定有性，异品遍无性）: Guarantee the Necessary
    Connection between the Middle Term and the Major
    Term ……………………………………………………（156）
 Section 3 The Rule of Citing Examples: Ensuring the
     Relevance of Argumentation ………………………（164）
  1 "Shuo Yin Zong Suo Sui"（说因宗所随）: If the Middle
    Term Exists, the Major Term Exists ……………………（164）

2 "Zong Wu Yin Bu You"（宗无因不有）: If the Major Term Does Not Exist, the Middle Term Does Not Exist ······（165）

Chapter 6　Argumentation Rules in Hetuvidyā's Commentaries in Tang Dynasty (Part 2) ···············（169）

Section 1　Reviewing the Argumentation Rules in Hetuvidyā's Commentaries in Tang Dynasty from the Fallacies Not Included in the Nine-Cause Theory ············（169）
  1　*Viruddhāvyabhicārin* ·································（170）
  2　*Viparīta* ···（173）
Section 2　The Rule of "Gong Xu Ji Cheng"（共许极成）: Ensuring the Acceptability of Argumentation ······（179）
  1　"Ji Cheng Zhenshi"（极成真实）············（181）
  2　Argue the Unaccepted with the Commonly Accepted ······（185）
Section 3　Distinction: The Application of "Gong Xu Ji Cheng" （共许极成）·····································（191）
  1　Zi Bi Liang（自比量）, Ta Bi Liang（他比量）and Gong Bi Liang（共比量）·················（192）
  2　Analysis of Strategic Behaviors in Argumentation and Debate in Hetuvidyā's Commentaries in Tang Dynasty ································（194）

Chapter 7　Analyzing Xizang Debate Scriptures from the Argumentation Theory of Hetuvidyā's Commentaries in Tang Dynasty ·················（197）

Section 1　Viewing the Responsive Form in Debate Scriptures from the Argumentative Forms and Argumentation Rules in Hetuvidyā's Commentaries in Tang Dynasty ······（198）
  1　*Triavayava* and Responsive Form ·················（199）

  2 Four Ways for the Opponent to Respond to the Responsive Form ……………………………………………………… (201)
  3 Argumentation Rules of Hetuvidyā's Commentaries in Tang Dynasty and Argumentation Rules of Responsive Form ……………………………………………………… (203)
 Section 2 Viewing the Debate on Red and White Colors from the Six-Cause Argumentation Mechanism in Hetuvidyā's Commentaries in Tang Dynasty ……… (204)
  1 Debate on Red and White Colors ……………………… (205)
  2 Construction Rules of Responsive Chains ……………… (208)
  3 Debate Scriptures under the Six-Cause Argumentation Mechanism of Tang Commentaries on Hetuvidyā ……… (211)

Conclusion …………………………………………………… (215)

References …………………………………………………… (219)

Index ………………………………………………………… (229)

Postscript …………………………………………………… (234)

Figure List

Figure 3 – 1　The Causal Relationship of the Six Causes in Kuiji's *Great Commentary* ……………………… (104)

Figure 3 – 2　Shen Jianying's Six-Element Pragmatic Model Diagram ……………………………………………… (104)

Figure 3 – 3　Zhang Zhongyi's Diagram of the Six-Cause Argumentation Mode ……………………………… (105)

Figure 3 – 4　Wang Enyang's Diagram of the Six Causes ………… (106)

Figure 3 – 5　Diagram of the Six-Cause Argumentation Mechanism ………………………………………… (107)

Figure 4 – 1　The Basic Structure of Argumentation Formats …… (138)

Figure 4 – 2　The Argumentation Structure of the Three-Part Argumentative Form ……………………………… (139)

Figure 4 – 3　The Complete or Extended Model of Toulmin's Argumentation Model ………………………… (142)

Figure 4 – 4　Specific Examples of Toulmin's Argumentation Model ……………………………………………… (143)

Figure 4 – 5　Diagram of the Three-Part Argumentative Form of Hetuvidyā Based on Toulmin's Model …………… (144)

Figure 4 – 6　Diagram of the Toulmin Argumentation Model of the Three-Part Argumentative Form in Tang Commentaries of Hetuvidyā ……………………… (146)

Figure 5 – 1　Nine Causes-Zong Tong Pin, Zong Yi Pin and Yin Tong Pin ……………………………………（161）
Figure 7 – 1　Response to the Responsive Form ………………（202）

Table List

Table 1 – 1	Viewing the "Four-Part Theory" from the Relationship of the Cognitive Subject, the Cognitive Object and the Cognitive Result	(43)
Table 1 – 2	"Eight Topics and Two Benefits"	(47)
Table 1 – 3	Two Kinds of Cognitions and Two Kinds of Objects	(55)
Table 2 – 1	Elements of *Sādhana*	(63)
Table 2 – 2	The Relationship between *Sādhana*, *Sādhanābhāsa*, *Dūṣaṇa* and *Dūṣaṇābhāsa*	(71)
Table 2 – 3	Diagram of Four Sentences	(72)
Table 2 – 4	Four Sentences of *Sādhana* and *Dūṣaṇa*	(74)
Table 3 – 1	Specific References of "Cause"	(102)
Table 3 – 2	Examples of the Six-Cause Argumentation Mechanism	(109)
Table 4 – 1	Structure of the Thesis Branch	(121)
Table 4 – 2	Structure of the Cause Branch	(123)
Table 4 – 3	Structure of the Example Branch	(125)
Table 4 – 4	Evaluation Criteria of Argumentation (Xiong Minghui)	(141)
Table 5 – 1	Dignāga's Nine Causes	(160)

Table 6 – 1	The Last Two Phases of the Cause and Nine Causes	(169)
Table 6 – 2	Four Types of *Viparīta*	(174)
Table 6 – 3	Argumentation Rules in Hetuvidyā's Commentaries in Tang Dynasty	(191)
Table 6 – 4	*Sādhāraṇa*	(195)
Table 7 – 1	Debate on Red and White Colors	(206)
Table 7 – 2	Formalization of the Debate on Red and White Colors	(210)
Table 7 – 3	Viewing a Single Responsive Form from the Six-Cause Argumentation Mechanism in Hetuvidyā's Commentaries in Tang Dynasty	(212)
Table 7 – 4	Argumentation Process in Debate Scriptures	(213)

绪　　论

因明唐疏论证理论，简单地说，就是因明唐疏中的论证和反驳的理论体系。那么，什么是因明？什么是因明唐疏？其论证理论究竟如何？在此，笔者将先阐述这些概念的含义，然后概述相关的研究动态，最后陈述本书的研究脉络和探讨视角。

一　概念界定

（一）因明

"因明"[①]（Hetuvidyā）即佛教逻辑（Buddhist Logic），是在古印度产生和发展的一门独特学问，集辩论术、逻辑和知识论（量论）于一体，既不同于西方逻辑，又不纯是知识论。

以陈那（Dignāga）为分界，因明大致经历了古因明和新因明两个时期，完成了从纯粹辩论术而逻辑再而量论的两次明显转向。佛陀时代的"四记答问"便已出现了因明的萌芽。从四阿含及各种小乘经论来看，1世纪前后已盛行"论法"。2世纪，大乘中观学派龙树（Nāgārjuna）作《方便心论》讨论了知识来源、感觉、推理、譬

[①] "因明"：古印度逻辑学说。"因"指推理的理由、依据，"明"指知识、学问。"因明"即通过宗（论题）、因（理由）和喻（例证）进行论辩和推理的学问。由宗、因、喻三部分组成的论式称三支比量（论式）。其中，又以因支最为重要，故称因明。（参见《中国大百科全书（哲学Ⅱ）》，中国大百科全书出版社1988年版，第1108—1110页。）

喻、误难①等问题。4世纪后，大乘瑜伽行派吸取并发展了正理派的思想，建立了古因明，弥勒（Maitreya）的《瑜伽师地论》和无著（Asaṅga）的《显扬圣教论》《阿毗达磨集论》有了具体的因明理论，其中《瑜伽师地论》首次使用"因明"一词，并对古因明做了系统的总结，形成了有代表性的"七因明"理论，总结了辩论术的基本问题。世亲（Vasubandhu）在《论轨》《论式》和《如实论》等著作中吸收因三相②，以具有类比性质的五支论式进行论辩。尤其是《如实论》总结了以往古因明的过失理论即误难论，从内容上将其分为三类：颠倒难、不实义难、相违难③。由于论辩多以类比推理为基础的五支论式进行，在论式上存在很多漏洞，因此古因明论师很难摆脱被问难的困境，改革古因明成为历史的必然。5—6世纪，陈那改革古因明：取消圣言量，并认为所有的知识来源可归为现量（感觉）和比量（推理）；删去合、结两支，改五支论式为宗、因、喻三支论式，增设喻体；通过九句因④丰富因三相理论，使三支论式的论证有了完备的理论支持。这一时期因明的研究重心完成从辩论术到逻辑的蜕变，史称"新因明"。

陈那新因明思想在中国因明传承中具有重要地位。陈那新因明早期思想以立破为核心，著有《因明正理门论》（Nyāyamukha，以下简称《门论》），其弟子商羯罗主（Śaṅkarasvāmin）作进一步阐发，著《因明入正理论》（Nyāyapraveśa，以下简称《入论》）。这两

---

① "误难"：指错误的反驳。
② "因三相"：指因明的论证规则。
③ "颠倒难、不实义难、相违难"：源自《如实论·道理难品》，是世亲总结的三种类型的错误反驳。
④ "九句因"是陈那用以确定三支论式中因法与所立法（宗后陈）之间关系的方法。陈那根据是否具有所立法性质，划分出一组矛盾概念，即同品和异品。通过判断同品、异品是否全部具有因法性质、是否全部不具有因法性质、是否部分具有因法性质部分不具有因法性质，共九种关系，从而得出正确的因的条件——同品全部具有因法的性质或者部分具有、部分不具有因法的性质，且异品全部都不具有因法的性质。

部著作经唐代玄奘译出并传授，成为汉传因明研究的主要文本。陈那后期因明思想以量论为核心，著有《集量论》（*Pramāṇa samuccaya*）。因明出现了由逻辑转向量论的趋势。到了 7 世纪，陈那再传弟子法称（Dharmakīrti）作"因明七论"①，对陈那因明尤其是量论加以发展。天主慧、法上、慧作护等人对法称因明释文注疏，大致可分为三派：释文派、阐义派和教理派。此后，法称及其后学的因明思想成为藏传因明的起点。

（二）因明唐疏

因明唐疏（Hetuvidyā's Commentaries in Tang Dynasty）是汉传因明研究首次达至高潮的成果，影响极为深远。印度因明传至中国，根据地域主要分为藏传因明与汉传因明，藏传因明是指在中国藏地所传承的因明，汉传因明是指在中国汉地所传承的因明。因明唐疏是汉传因明研究的成果，是指在唐朝，玄奘先后译出商羯罗主的《入论》和陈那的《门论》，讲授因明，奘门弟子纷纷为二论注疏，由此形成唐代因明注疏体系。商羯罗主的《入论》是陈那《门论》的入门之作，习惯称《入论》为"小论"，《门论》为"大论"，正是这"大小二论"使汉传因明研究第一次达至高潮，因明唐疏即为这次研究高潮的成果，所以，从外延上看，汉传因明研究包括因明唐疏的研究，但不限于因明唐疏，两者都是研究因明的立破之说。

在汉传因明史上，因明曾有两次传入汉地。第一次传入汉地是在南北朝时期。当时佛教发展达到鼎盛，佛经被大量地翻译，其间真谛等人译出《方便心论》《如实论》《顺中论》等古因明著作，但在当时的影响不是很大。第二次传入汉地是在唐朝时期，玄奘先后译讲《入论》和《门论》，掀起了因明研究的热潮。玄奘西行求法

---

① "因明七论"是对法称七部量论著作的总称，又称"七部量论"，分别是《释量论》《决定量论》《正理滴论》《因滴论》《观相属论》《成他相续论》《诤正理论》。（参见祁顺来《藏传因明学通论》，青海民族出版社 2017 年版，第 19 页。）

十六年，带回经论 657 部，有 36 部是因明的专论。唐太宗贞观十九年（645），玄奘在今西安弘福寺译出经论 75 部。① 玄奘西行求法十六年间，曾在当时印度最大的寺院那烂陀寺跟随戒贤学习。据说玄奘在那烂陀寺住了近五年，听戒贤讲授《瑜伽师地论》三遍，《门论》和《集量论》两遍。后又在各地游历问学、遍访高僧大德数年，曾随一位精通因明的婆罗门学习《集量论》一个月。② 由此可见，玄奘在外求学时接触到的因明著作并非只有《门论》和《入论》。他不仅学习了陈那早期因明思想，同时也深谙陈那后期因明著作《集量论》。但在玄奘学成归来后，他并没有翻译陈那晚期因明思想集大成之作《集量论》，而是选择了其早期因明思想代表作《门论》。这也就说明玄奘在译介因明时，有选择性地做了取舍。

自玄奘相继译出《入论》和《门论》之后，奘门弟子神泰、文轨、净眼、窥基、慧沼等人及慈恩宗智周、道献、道邑等人纷纷注疏，形成了因明唐疏系统。据沈剑英考察，奘门弟子为《门论》《入论》所写的注疏约有 38 部。玄奘逝世后，慈恩宗智周、道献、道邑等人所作注疏也在当时产生了重要影响。③ 随着慈恩宗衰落，因明逐渐式微。可惜的是，大多注疏已散佚。但在日僧善珠的《因明论疏明灯抄》、藏俊的《因明大疏抄》、凤潭的《因明论疏瑞源记》等著作中，我们还能窥见些许片段。明朝中期，佛教有了复兴迹象，人们又开始关注慈恩宗唯识学，随之因明研究又出现了势头，比如明昱、智旭、真界、王肯堂的研究。基于新发现的四种明清《因明入正理论》注释，有学者认为，明清因明作为"本土化"产物是明

---

① 在这些经论中，涉及因明的"按内容约分为三类：古因明论：《瑜伽师地论》（卷十五）、《显扬圣教论》（卷十一）、《阿毗达磨集论》（卷七）、《阿毗达摩杂集论》（卷十六）。新因明论：《因明正理门论》、《因明入正理论》、《观所缘缘论》。运用新因明的范本：《大乘掌珍论》、《大乘广百论释论》。"（参见沈剑英《佛教逻辑研究》，上海古籍出版社 2013 年版，第 77 页。）

② 参见沈剑英《佛教逻辑研究》，上海古籍出版社 2013 年版，第 66—69 页；郑伟宏《玄奘因明思想研究》，中西书局 2023 年版，第 6—8 页。

③ 沈剑英：《敦煌因明文献研究》，上海古籍出版社 2008 年版，第 2—6 页。

清佛教重振义学的一个具体表现。① 此后，因明研究鲜少有人问津，几乎成为绝学。

在因明唐疏之中，文轨和窥基的注疏最为著名，其中，窥基的注疏最为详备、水平最高，又称为《因明大疏》。文轨的《因明入正理论疏》（因文轨居于庄严寺，又称为《庄严疏》或《文轨疏》）"是因明译传初期颇具影响力的一部著作"②，代表了玄奘早期的因明思想，也是窥基《因明大疏》重点引用参考的文献。窥基的《因明入正理论疏》（又称为《因明大疏》，简称《大疏》）被认为是因明唐疏中最为详备、水平最高的集大成之作，代表了玄奘后期的因明思想。"在汉语系佛教传承中逐渐形成了以窥基《因明入正理论疏》为核心文本的具有大乘佛教唯识宗之理论特色与取向的注疏研习系统，此系统又传至东方的日本等国。"③ 熊十力④、陈大齐⑤、梅德愚⑥、沈剑英⑦、

---

① 参见陈帅《基于新见文献的明清因三相诠释考察——兼论明清因明的学术价值》，《哲学研究》2023年第4期。
② 沈剑英：《敦煌因明文献研究》，上海古籍出版社2008年版，第5页。
③ ［日］武邑尚邦：《佛教逻辑学之研究》，顺真、何放译，载释妙灵主编《真如·因明学丛书》，中华书局2007年版，第1页（译者序言）。
④ 熊十力认为"唐贤疏述，虽累十家，独有基文，世称《大疏》。"原因有三："提控纪纲，妙得《论》旨，征文选义，虽有繁芜，经纬堪寻，仍殊滥漫，其善一……义实异古，《论》但直身，先无别破。殊使读者探稽未广，莫得源流。《大疏》则详征古义，环列洋洒，今古沿革，略可推原，其善二……《理门》奥旨，抉择无遗，法户枢机，舍此莫属，其善三。"（笔者注：《论》指《入论》，《理门》指《门论》）（参见熊十力《唯识学概论 因明大疏删注》，上海古籍出版社2019年版，第181页。）
⑤ 陈大齐在《因明大疏蠡测》的序言中，也说到《大疏》"探源穷委，旁证翻引，于因明理，阐发尤多。内容富赡，为诸冠疏。"（参见陈大齐《因明大疏蠡测》，载释妙灵主编《真如·因明学丛书》，中华书局2006年版，第1页。）
⑥ 梅德愚在《因明大疏校释》前言中提到，"《窥基传》中，还说到玄奘曾为窥基讲陈那的因明，尤似玄奘留学印度时，戒贤为玄奘单独讲课一样，所以，《大疏》既是窥基的著作，也是玄奘的见解。"（参见梅德愚《因明大疏校释》，中华书局2013年版，第3页。）
⑦ 沈剑英在评价《大疏》的地位时，也谈到"由于《大疏》较之其他疏记更为精详，更能体现玄奘对因明的贡献，所以为诸疏之冠；加上其门人慧沼对它的续疏纂解，以及慧沼传人智周对它的详解，《大疏》终于成为公认的汉传因明的纲要性著作，影响甚大。"（参见沈剑英《佛教逻辑研究》，上海古籍出版社2013年版，第117页。）

郑伟宏[①]、汤铭钧[②]等人都给予《大疏》很高的评价。这不仅是因为《大疏》在因明唐疏中的地位，更重要的是"窥基以后的因明著作，大多是对《因明大疏》的注释，或者是对其中若干专题的研究。不仅窥基的弟子慧沼（650—714）与再传弟子智周（668—723）的著作如此，因明传统的日本追随者们的著作也大多如此"[③]，比如日僧善珠的《因明论疏明灯抄》（简称《明灯抄》）、藏俊的《因明大疏抄》，等等。基于此，本书在古本典籍上，将重点考察窥基的《大疏》，辅之以因明唐疏中的其他注疏，如文轨的《因明入正理论疏》、神泰的《理门论述记》、净眼的《因明入正理论略抄》和《因明入正理论后疏》，等等。

因明唐疏的注疏对象是《门论》和《入论》，这两部论对汉传因明研究影响至深。贞观二十一年（647），玄奘翻译了商羯罗主的《入论》。该论简短精炼地阐述了陈那《门论》的主要思想，将《门论》中的体系概括为："能立与能破，及似唯悟他。现量与比量，及似唯自悟"[④]，后

[①] 郑伟宏认为"窥基《大疏》是集唐疏大成之作。它代表了唐代因明研究的最高成就，在慈恩宗内被奉为圭臬。"（参见郑伟宏《因明大疏校释、今译、研究》，复旦大学出版社2010年版，第2页。）

[②] 汤铭钧认为"窥基（632—682）作为玄奘佛学的重要继承人，属于中国的第二代因明作家。他的《因明入正理论疏》不仅广泛参考了第一代作家的著作，而且还整合了玄奘后来向他单独传授的内容。这就使得该书成为玄奘所传因明学说的集大成之作。在因明传统中，该书也因此被誉为《因明大疏》。"（参见汤铭钧《玄奘因明思想论考》，中西书局2024年版，第7页。）

[③] 汤铭钧：《玄奘因明思想论考》，中西书局2024年版，第7页。

[④] ［印度］商羯罗主：《因明入正理论》，（唐）玄奘译，CBETA 2024.R1，T32，no. 1630，p. 11a 28 – 29。［CBETA 是"中华电子佛典协会"Chinese Buddhist Electronic Texts Association 的简称，《大正新修大藏经》与《卍新纂续藏经》的资料引用出自中华电子佛典协会的电子佛典集成。2024.R1 表示 2024 年第 1 季的版本。引用《大正新修大藏经》出处是依册数、经号、页数、栏数、行数的顺序记录。如上述引文是出自《大正藏》第 32 册，1630 经，第 11 页第一栏第 28 行至 29 行。此外，《卍新纂续藏经》出处的记录，采用《卍新纂大日本续藏经》（X：Xuzangjing 卍新纂续藏。东京：国书刊行会）、《卍大日本续藏经》（Z：Zokuzokyo 卍续藏。京都：藏经书院）、《卍续藏经·新文丰影印本》（R：Reprint. 台北：新文丰出版公司）三种版本并列。］

人称之为"八门二益"①（又称为"二悟八义"，"二悟"即"二益"，"八义"即"八门"）。且不说《入论》之于印度逻辑史的价值如何，就汉传因明而言，该论成为奘门弟子纷纷注疏的根本论典之一，如文轨的《因明入正理论疏》、净眼的《因明入正理论略抄》、窥基的《因明入正理论疏》等。到了宋朝，汉文本的《入论》被译成藏文，西藏学者误以为此论为陈那的《门论》。直到13世纪，西藏学者又从另一梵文本译出《入论》，但仍错将陈那作为《入论》的作者。日本学者宇井伯寿在《佛教逻辑学》附录中整理了《入论》的汉文本、藏文本和梵文本，认为《入论》的汉文本最接近梵文原本②。贞观二十三年（649），玄奘翻译了陈那的《门论》。该论作为陈那新因明早期思想的代表作，反映出陈那早期以立破为核心诠释新因明体系。由于《门论》晦涩难解，极其深奥，虽然神泰、文轨、净眼、文备等人均有注疏，但"自中唐以降，便再无有关《理门论》的疏释问世"③。至今只有神泰《理门论述记》的残本存世。长期以来，人们认为玄奘翻译的汉文本是《门论》存世的唯一文本，直到近期发现在西藏布达拉宫仍保存着陈那《门论》的梵文本④。遗憾的是，《门论》梵文本至今还没有被校订公布。因此，玄奘翻译的汉文本仍然是研究《门论》唯一可信的第一手资料。

玄奘译讲因明，并没有因明著作问世，他之所以选择"大小二

---

① 参见（明）真界《因明入正理论解》，CBETA 2024. R1, X53, no. 856, p. 909c20//R87, p. 88b11//Z 1：87, p. 44d11；（明）明昱《因明入正理论直疏》，CBETA 2024. R1, X53, no. 858, p. 933a14//R87, p. 136a17//Z 1：87, p. 68c17；（明）智旭《因明入正理论直解》，CBETA 2024. R1, X53, no. 859, p. 942a3//R87, p. 153b3//Z 1：87, p. 77b3；（明）王肯堂《因明入正理论集解》，CBETA 2024. R1, X53, no. 857, p. 918b21//R87, p. 106b11//Z 1：87, p. 53d11。

② 参见［日］宇井伯寿《佛教逻辑学》，慧观等译，宗教文化出版社2023年版，第264页。

③ 沈剑英：《因明正理门论译解》，载释妙灵主编《真如·因明学丛书》，中华书局2007年版，第11页。

④ 李学竹：《西藏贝叶经中有关因明的梵文写本及其国外的研究情况》，《中国藏学》2008年第1期。

论"作为译讲因明的范本,原因大致有以下两个方面:首先,从译介内容的主次来看,有学者认为"是因为此二论都是以立破论证为中心,而知识论'量'只是论证的认识论前提,称之为'立具'"[1],换句话说,玄奘译讲因明的重点在于教授门人论证与反驳的方法,并使之应用于佛学研究之中。其次,从译介内容的取舍来看,也有学者认为"玄奘在印度反复深究陈那后期代表作《集量论》,应该说他对《集量论》之奥义是精通的,但是他不译以认识论为中心的《集量论》,而译以立破为中心的《入正理论》和《正理门论》,客观上说明译者看重的是陈那新因明的逻辑工具性质。'可以权衡立破,可以楷定正邪,可以褒贬是非,可以鉴照现比。'(文轨:《庄严疏》)"[2] 加之,当时在唐代"诸大德备计玄奘口义,结合各自的理解,竞作文疏,从而使因明研究蔚为一时之风气"[3]。而这两个原因最终导致的结果与玄奘译介"大小二论"的初衷是一致的。因明唐疏乃至汉传因明的研究走向旨在立正破邪,关注论证实效性,关注论辩活动。而因明唐疏中所蕴含的论证理论,奠定了汉传因明研究的方向,也在一定程度上直接体现了玄奘的因明论证思想。因此,挖掘因明唐疏中的论证理论是研究玄奘关于因明论证的思想源泉,也是研究汉传因明的内核。

(三) 因明唐疏论证理论

因明唐疏论证理论是指因明唐疏中关于论证与反驳的理论,即立破之说。论证理论,简单地说,就是论证与反驳的理论体系。因此,因明唐疏论证理论研究就是以因明唐疏古籍为依托,探究因明唐疏中论证和反驳的理论体系。

由于因明唐疏是唐代玄奘门人对《门论》和《入论》的注疏,且《门论》和《入论》论述的核心是立与破,自然以此二论为基础

---

[1] 郑堆主编:《中国因明学史》,中国藏学出版社2017年版,第14页。
[2] 郑伟宏:《玄奘因明思想研究》,中西书局2023年版,第18页。
[3] 沈剑英:《佛教逻辑研究》,上海古籍出版社2013年版,第64页。

的因明唐疏亦是以立、破为重点。在因明中,立是指"能立",即论证,破是指"能破",即反驳。因此,在一定程度上可以说,因明唐疏是奘门弟子关于因明论证与反驳的唐代注疏。"汉传因明的成就对于解读陈那新因明基本理论举足轻重。在众多唐疏中,窥基的《大疏》就是打开陈那新因明大门的最重要的一把钥匙"[①],因此,研究因明唐疏论证理论实质上是研究汉传因明对陈那新因明早期论证思想的传承与发展。

近现代汉传因明论证研究始于因明唐疏中的论证研究。晚清佛学复兴,因明引起了一些学者的重视,随之渐渐复苏。最直接推动因明复苏的是杨文会(字仁山),他于1896年迎回由窥基所著并绝传于中土的《大疏》,为因明研究提供了可信的原始资料,成为近现代中国因明研究复苏的标志。借助窥基的《大疏》,近现代因明研究者逐渐展开对陈那《门论》和商羯罗主《入论》的研究,并以比较研究为主。在"五四"之后逐渐形成近现代因明研究的第一次高潮,涌现出欧阳竟无(欧阳渐)、熊十力、梅光羲、吕澂、陈望道、周叔迦、虞愚、陈大齐等重要学者。"五四"之前,因明与逻辑的比较研究多集中为三支论式与三段论的结构比较。如胡茂如翻译日本学者大西祝的《论理学》,比较了因明与西方逻辑。孙诒让在《与梁卓如(梁启超)论墨子书》中,已经意识到三大逻辑有相通之处,但并未具体展开。直到1909年章太炎在《国故论衡》中,对三大逻辑进行了比较。"五四"之后,诸学者开始深入关注因明文本研究。如1922年太虚以《入论》和《大疏》为主,讲习因明。1927年欧阳竟无组织刻印校勘《藏要》,收入《门论》和《入论》,将法称与陈那的因明研究进行比较,认为"应祖陈那而宗法称,此若提婆之绩龙树"[②]。20世纪30年代初到40年代初,因明的比较研究迅速发

[①] 郑伟宏:《因明大疏校释、今译、研究》,复旦大学出版社2010年版,第3—4页。

[②] 欧阳竟无:《因明正理门论叙》,载沈剑英主编《民国因明文献研究丛刊(全24辑)4(欧阳竟无、吕澂的因明著作)》,知识产权出版社2015年版,第20页。

展，涌现出了大量对后世研究有着深远影响的研究成果。如陈望道的《因明学》、周叔迦的《因明新例》、覃寿公的《哲学新因明论》、梅光羲的《宗镜录法相义节要》和《因明入正理论疏节录集注》、熊十力的《因明大疏删注》、陈大齐的《因明大疏蠡测》等。其中影响最大的是陈大齐的《因明大疏蠡测》，该书是"民国时期运用逻辑工具，全面、系统分析因明推理体系的力作。对当代中国因明研究有十分深刻的影响"。[①] 20世纪40年代中后期，最具代表性的著作是清净的《因明入正理论释》和王恩洋的《因明入正理论释》。清净的《因明入正理论释》是以《因明大疏》为依据，对商羯罗主的《入论》进行解释，"以'释'为主题，简明扼要，叙述流畅，义理上又作综合分析，注重从佛理上进行释解，体现了作者的深厚功力"。[②] 王恩洋的《因明入正理论释》是从比较研究的视角展开，评价了西方逻辑和因明的优劣，认为因明尤其重要。[③] 中华人民共和国成立之后，因明研究缓慢发展，后又历经十年浩劫。20世纪80年代以后，近现代因明研究迎来第二次高潮，因明与逻辑的比较研究盛极一时。从三支论式与传统逻辑三段论比较到与形式逻辑比较，从探讨论式的结构、内容到探讨论式的逻辑性质，其间就三支论式的逻辑性质，主要有四种观点：第一，演绎说。以张忠义、张家龙为代表，认为"陈那的三支作法达到了演绎论证的水平"[④]。第二，演绎归纳说。以沈剑英、姚南强为代表，认为陈那因明三支论式的

---

① 姚南强：《陈大齐及其因明著作》，载沈剑英主编《民国因明文献研究丛刊（全24辑）13（陈大齐的因明著作1）》，知识产权出版社2015年版，第9页。

② 姚南强：《清净及其〈因明入正理论释〉》，载沈剑英主编《民国因明文献研究丛刊（全24辑）16（清净、王恩洋的因明著作）》，知识产权出版社2015年版，第5页。

③ 沈海波：《王恩洋及其因明学研究》，载沈剑英主编《民国因明文献研究丛刊（全24辑）16（清净、王恩洋的因明著作）》，知识产权出版社2015年版，第203—204页。

④ 张忠义、张家龙：《评陈那新因明体系"除外命题说"——与郑伟宏先生商榷》，《哲学动态》2015年第5期。

逻辑性质是演绎与归纳相结合①。第三，最大类比说。以郑伟宏、汤铭钧为代表，认为"新因明本身不过是最大限度的类比论证"②。第四，归证说。以霍韬晦为代表，认为因明不是逻辑但有逻辑结构，"因明论式若变成纯粹的逻辑结构，就已经不是原来所摆出的归证形态，而只是西方逻辑中的蕴涵推理而已"③。进入21世纪以后，由于国际逻辑学研究发生认知和语用转向，国际因明研究者多从非形式因素切入因明研究，在这样的趋势之下，我国学者在因明研究中也逐渐关注到非形式因素对因明论证产生的影响。

自1896年迎回《大疏》至今，汉传因明研究以"大小二论"为主，但由于玄奘译本"拘于格律，文字比较晦涩"④，因此，因明唐疏，尤其是窥基的《大疏》是近现代汉传因明研究复兴的重要参考资料，因明唐疏中的论证理论不仅仅继承了"大小二论"中陈那早期的新因明思想，还对此作了进一步的阐发，是汉传因明发展印度因明的创新体现。

二 因明唐疏论证理论研究综述

因明唐疏论证理论是汉传因明对于陈那新因明早期论证思想的传承和发展，亦是玄奘因明论证思想的体现。研究因明唐疏论证理论必然包含对陈那新因明早期论证理论的研究。因明论证研究之初，学者们多从传统逻辑视角出发，尤其是亚里士多德三段论。此后，由于受到形式逻辑研究的影响，有学者尝试对因明论式进行形式化研究。在这一过程中，他们逐渐发现采用形式化的方法刻画因明论

---

① 参见姚南强《论陈那三支式的逻辑本质——兼与郑伟宏同志商榷》，《复旦学报》（社会科学版）1990年第6期。
② 郑伟宏：《陈那新因明是演绎论证吗?》，载刘培育编《因明研究：佛家逻辑》，吉林教育出版社1994年版，第31页。
③ 霍韬晦：《佛家逻辑研究》，台北：佛光出版社1979年版，第15页。
④ 吕澂：《因明学说在中国的最初发展》，载刘培育、周云之、董志铁编《因明论文集》，甘肃人民出版社1982年版，第238页。

式，能够清晰地表达因明论证的主体结构，但却容易忽略因明论式中的一些其他要素，而建构因明形式化系统更是难以实现。基于此，在研究因明唐疏中的论证时，有学者开始更多地关注论证前提的真实性，关注论式中的非形式因素，比如认知、语用、论辩，等等。

（一）因明论证中的形式化研究

因明唐疏论证理论的形式化研究肇始于因明与逻辑的比较研究。1824 年，科尔布鲁克（Henry T. Colebrooke）在早期印度文献中发现了一种正确的推论式，并引起了西方学者对印度逻辑的浓厚兴趣，比如当时的逻辑学家布尔（George Boole）和德摩根（Augustus de Morgan）。此后，著名的德国印度学家缪勒（Max Müller）受邀为当时的逻辑教科书撰写了一份关于"印度逻辑"的附录。1924 年，兰德尔（H. N. Randle）发表了《关于印度推论式的注释》（A Note on the Indian Syllogism）一文，认为印度逻辑论式类似于亚里士多德三段论第一格 AAA 式和第二格 EAE 式。20 世纪 30 年代，沙耶尔（Stanisław Schayer）首次将西方形式逻辑理论引入对印度逻辑的解释中，这是因为沙耶尔师从波兰逻辑学家卢卡西维茨（Lukasie-wicz），而卢卡西维茨用形式逻辑的观点解释了亚里士多德三段论的做法，启发了沙耶尔用形式逻辑的观点解释印度逻辑[①]。同样，20 世纪我国也出现了因明与逻辑的比较研究热潮，不同的是，我国学者不仅比较因明与逻辑，同时也关注中国古代名辩学，刘培育称"在中国出现的名辩与逻辑、因明比较研究，是世界逻辑发展史上一个独特的学术现象"[②]。在早期因明与逻辑的比较研究中，由于受到日本学者大西祝《论理学》的影响，人们借助传统逻辑多将因明三支论式与三段论进行比较，并且大多数学者在不考虑喻依的情况下，认为

[①] Jonardon Ganeri, *Indian Logic: A Reader*, London and New York: Taylor & Francis Group, 2001. pp. 1 – 2.

[②] 刘培育：《名辩与逻辑、因明的比较研究——百年回顾与思考》，载《逻辑研究文集——中国逻辑学会第六次代表大会暨学术讨论会论文集》，西南师范大学出版社 2000 年版，第 354 页。

因明三支论式类似于三段论 AAA 式。20 世纪 80 年代之后，因明与逻辑的比较研究更是达至高潮。到了 20 世纪 90 年代，巫寿康在其博士学位论文《〈因明正理门论〉研究》中开始借助形式逻辑研究因明论证，采用形式化的方法刻画因明论证。总体上看，无论是从传统逻辑还是从形式逻辑视角研究因明论证，关注的都是从前提到结论的推理形式。

就形式化方法本身而言，它至少有两点优势：第一，通过区分不同层次的语言，能够在较高层次上去讨论较低层次的一般性质；第二，具有高度的严格性和精确性。① 当然，这并不意味着形式化方法是普遍的、万能的。形式化方法只适用于考察哲学概念或命题的形式，以及严格意义上具有逻辑因素的哲学问题。② 因此，傅光全认为形式化只是对因明论证中推理形式的逻辑解读，可以说，形式化方法只在研究中充当元理论，而汉传因明则为对象理论。③ 用形式化方法解读因明论证，能清晰地展示因明的论式和论证思想。比如，李小五和曾昭式采用形式化方法，对因明三支论式进行逻辑刻画。④ 再比如，许春梅采用形式语义学方法分析陈那因明九句因理论，认为陈那因明的九句因理论是从形式上探讨因与宗后陈之间的外延关系，本质上已经上升到了逻辑的高度、形式化的高度，因而在因明史上具有划时代的里程碑意义。⑤ 但如果要"为汉传因明构建一个完整的形式化的系统……从汉传因明自身的体系来看，这种目标恐

---

① "一是它的元科学性质，把语言或理论区分为不同的层次，并要求在较高的层次（n+1）上去讨论较低层次（n）的一般性质……再是它在语义表达和论证上高度的严格性和精确性。"（参见孙明湘、李霞飞《逻辑演算与形式化方法》，《中南大学学报》（社会科学版）2003 年第 1 期。）

② "形式化只适于考察哲学概念或命题的形式方面和以严格意义上的逻辑方面为内容的哲学问题。"（参见陈波《哲学理论的形式化问题》，《中国人民大学学报》1995 年第 2 期。）

③ 参见傅光全《汉传因明的形式化研究》，《哲学动态》2017 年第 12 期。

④ 参见李小五、曾昭式《三支论式的逻辑研究》，《河南社会科学》2019 年第 7 期。

⑤ 参见许春梅《九句因理论的形式语义学》，《逻辑学研究》2018 年第 4 期。

怕很难达到"①。这是因为，因明采用自然语言来表达论证，而自然语言论证本身具有很强的语境依赖性，形式化的方法是以形式符号语言来表达论证，以符号代替概念，抽离实质内容。采用形式化方法研究自然语言论证，的确可以从形式高度来厘清论证各要素之间的关系，但如果欲以形式化系统来刻画因明论证中的所有要素，那势必要将自然语言论证的实质内容以形式化方式来表达，显然，这是难以实现的。正如鞠实儿所言，以形式化来描述自然语言、论证语篇及其意义，是不可能的。② 戈维尔（Trudy Govier）也宣称："它的严格性与确定性是以空洞为代价的。在自然语言中，真实的论证是不可能被完全精确地处理的。"③ 由此，以形式化方法研究因明论证出现了瓶颈。

（二）因明论证的研究转向：从狭义到广义

论证有狭义和广义之分，狭义的论证是指在研究推理形式的过程中，关注前提的真实性问题，即研究前提何以证成结论，是一个静态的过程；广义的论证可以称之为论辩，是指从前提到结论的交际行为复合体，是一个动态的过程，在狭义论证的基础上，还会兼顾逻辑、修辞、论辩等方面对论证的影响，熊明辉将此区分为结果的论证和过程的论证④。当前论证理论的研究正是基于广义上的论证

---

① 傅光全：《汉传因明的形式化研究》，《哲学动态》2017年第12期。
② "采用同质的、按固定的规则生成形式语言、形式论证和形式语义来完备描述有序异质体且变化不可预测的自然语言、论证语篇及其意义，是不可能的。"（鞠实儿：《广义论证的理论与方法》，《逻辑学研究》2020年第1期。）
③ Trudy Govier, *Problems in Argument Analysis and Evaluation*, Windsor: University of Windsor, 2018, p. 9.
④ 熊明辉认为，结果的论证（argument-as-product）在传统论证理论中被认为是静态性的、缺乏背景敏感性的、无目的性和不考虑主体性的，而过程的论证（argument-as-process）则是现实生活中的真实论证，具有动态性、背景敏感性、目的性、多主体性等诸多特征。哈贝马斯称前者为"论证"（argument），后者为"论辩"（argumentation）。因此，狭义的论证仅仅是指结果的论证，广义的论证不仅包含结果的论证，也包括过程的论证。（参见熊明辉《论证评价的非形式逻辑模型及其理论困境》，《学术研究》2007年第9期。）

定义。而在因明论证的研究中，无论是国际还是国内，都正在经历自狭义论证视角到广义论证视角的研究转向，但尚未产生从广义论证的角度分析因明论证的系统研究。

在因明的比较研究中，尤其是在借助形式化方法研究出现困境的时候，学者们开始更多地关注因明论证中的其他因素。波亨斯基（I. M. Bochenski）在《形式逻辑史》（*A History of Formal Logic*）一书中探讨印度逻辑，他认为西方形式逻辑是一种外延逻辑，与此不同的是，印度逻辑是一种内涵逻辑[①]，这一观点再次引起西方学者广泛关注。此后，学者们通过史塔尔（Frits Staal）、巴特查理亚（Sibajiban Bhattacharyya）和马蒂拉（Bimal K. Matilal）对印度论式的研究，逐渐了解到印度逻辑的独特之处。[②] 人们发现，一个好的论证，不仅仅需要具备逻辑上的有效形式，同时也要保证前提的真实性或是可接受性，从而实现论证的合理性。因明论证作为内涵逻辑，关注前提，关注"因"，诸如九句因、因三相等，都是用以规范"因"，保证前提真实或前提是可接受的。因明研究者试图从狭义论证的视角研究因明论证。尤其是在国际非形式逻辑运动的影响之下，人们发现相较于西方的传统逻辑、形式逻辑，"非形式逻辑与因明之间表现出更多的共性，二者的比较似乎更容易展示因明的论辩本性"[③]。正如刘培育总结道："近年来国内学者的研究视野有所拓展，研究方法有所创新。一些学者运用现代逻辑考察因明。从溯因推理、非形式逻辑视域分析因明，在一些问题上有了新的发现和新的认识。"[④] 曾祥云认为因明本质上是一种对话理论或者说是论辩理论，

[①] I. M. Bochenski, *A History of Formal Logic*, translator, Ivo Thomas, University of Notre Dame Press, 1961, pp. 446–447.

[②] Jonardon Ganeri, *Indian Logic: A Reader*, London and New York: Taylor & Francis Group, 2001, pp. 7–8.

[③] 傅光全：《百年中国因明研究之逻辑转向》，《中国社会科学报》2019年1月29日第7版。

[④] 刘培育：《中国因明研究的可喜进展》，《光明日报》2016年7月13日第9版。

与借助数学方法建构的西方形式逻辑，存在很大的不同①。汤铭钧也认为，不同于西方形式逻辑所说的形式有效性，因明论证的有效性是实质有效性。因为因明论证不仅关注前提能在多大程度上得出结论，还关注前提的真实性。② 提勒曼（Tom J. F. Tillemans）、何莫邪（Christoph Harbsmeier）、波亨斯基也持有同样的观点——认为因明论证注重的是实质内涵③。王克喜、郑立群通过考察因明论式的演变，认为"因明的性质都没有多大的改变，都是一种论证或论辩，而不是推理。既然是一种论证，那么论证的可信度就成为论辩双方所高度关注的。论证追求的不是一种有效性，而是一种说服力。"④"佛教逻辑的论式应是论证的模式而不是推理的模式，论证的模式自有其论证的评估标准，而不能用所谓的推理有效性去评估这么一个有着几千年文化传承的论证模式。"⑤

因明集逻辑、论辩和量论于一身，学者们在考虑狭义论证的基础上，逐渐开始从广义论证的意义上理解因明论证。从研究视角上，有学者认为因明论证可以划分为逻辑范畴与论辩范畴，也有学者认为可以划分为论辩范畴与认知范畴。就逻辑范畴与论辩范畴而言，霍韬晦在《佛家逻辑研究》一书中，认为因明三支论式中既有逻辑因素又有非逻辑因素，逻辑因素应当属于逻辑范畴，非逻辑因素则属于论辩或论证范畴。⑥ 张忠义虽然没有明确指出，对因明论证研究要划分为逻辑与论辩两个层面，但已经考虑到了逻辑与论辩的区分。

---

① 参见曾祥云《因明：佛家对话理论》，《世界宗教研究》2003年第2期。

② 参见汤铭钧《论佛教逻辑中推论前提的真实性问题》，《逻辑学研究》2009年第1期。

③ Christoph Harbsmeier, *Language and Logic*, *Science and Civilisation in China*, Cambridge: Cambridge University Press, 1998.

④ 王克喜、郑立群：《佛教逻辑发展简史》，中央编译出版社2012年版，第29页。

⑤ 王克喜、郑立群：《佛教逻辑发展简史》，中央编译出版社2012年版，第29—30页。

⑥ 参见霍韬晦《佛家逻辑研究》，台北：佛光出版社1979年版，第1—20页。

比如，他在《因明蠡测》一书中指出，因明立宗要求"违他顺自"，但从纯逻辑的角度考虑，似无必要，而"从论辩的角度看，是必不可少的"①。从因明的功能来看，因明重在"悟他"，"这样的目的性及其产生背景就决定了因明非常重视论辩的方法和规则"②。在考察因明论式的演变时，王克喜、郑立群发现，因明经历了从论辩术到逻辑的蜕变，因明论式从"五支论式发展到三支论式，再从三支论式发展到两支论式，其逻辑性、演绎性愈来愈得到加强"③。许春梅明确提出了研究因明论证要区分逻辑范畴与论辩范畴。她认为对于因明论证的研究，不能忽视因明中的论辩与逻辑间的界限。这是因为论辩与逻辑虽有联系，但都有各自的研究范畴和所关心的问题。"逻辑所谈对象是在客观层面、事实层面上，辩论所讨论对象则是在认知层面、主观层面上。"④ "除宗有法"是论辩的重要规则之一，它要求论辩双方在对辩时，不能举示宗有法作为例证，即宗有法不能作为三支论式的喻依。而为了明晰所立法与因之间的关系，陈那设置了具有逻辑意义的同品、异品概念。因此说，"除宗有法"是在论辩的范畴，同品、异品则是在逻辑的范畴。⑤ 就论辩范畴与认知范畴而言，汤铭钧依据陈那文本中的"决定同许"到法称文本的"决定"，认为因明论证可以分为论辩解释和认知解释。就论证的有效性而言，一方面是由于论证的语言表达形式有效，另一方面是由于论证的前提被认定为真而有效。也就是说，能够使论证有效的两种路径，一种是"形式的路径"，另一种是"论辩的路径"或"认知的路径"，而因明论证所采用的则是后者。⑥ 论证前提为真，在陈那看

---

① 张忠义：《因明蠡测》，人民出版社 2008 年版，第 140 页。
② 张忠义：《因明蠡测》，人民出版社 2008 年版，第 105 页。
③ 王克喜、郑立群：《佛教逻辑发展简史》，中央编译出版社 2012 年版，第 169 页。
④ 许春梅：《陈那因明同、异品是否除宗有法之辨析》，《法音》2019 年第 7 期。
⑤ 参见许春梅《陈那因明同、异品是否除宗有法之辨析》，《法音》2019 年第 7 期。
⑥ 参见汤铭钧《汉传因明的"能立"概念》，《宗教学研究》2016 年第 4 期。

来是指论辩主体确定该前提为真，即陈那《门论》中所说的"决定同许"。对于"决定同许"的不同理解，是划分"论辩解释"与"认知解释"的关键。因明唐疏选择"论辩解释"，而法称则主张"认知解释"①。

考虑到因明论证是自然语言论证，总是在立敌对诤的论辩语境中使用，因此，有学者从语用视角予以分析。如沈剑英在《因明的语用学》《因明六元理论再思考》《论辩的六元语用理论和模型》等文章中，从语用的角度来理解因明唐疏中的六因说，并就立敌对待的二元关系，探讨了六因语用模型，在此基础上分析了自比量、他比量、共比量的立破功能。此外，沈剑英还阐述了论辩的语用谬误，认为因明作为论辩逻辑，在对辩的实践中归纳出了七条语用规则②。张忠义也从语用学视角分析了因明的实用性。张忠义认为语用学作为研究特定交际语境中说话者和听话者之间的言语交际行为，与因明论证不谋而合。③ 首先，因明论证要求喻支"离合顺反"，体现了语用学中语言的有序性原则④。其次，因明采用简别的方法规定了语言表达要符合语境。为了实现悟他，因明论证可以通过增加"自许""汝执""真故"等词来分别自比量、他比量和共比量，从而规避论

---

① 参见汤铭钧《佛教逻辑学的论辩解释与认知解释——陈那、法称与因明》，《逻辑学研究》2021年第1期。

② 七条语用规则：(1) 立宗"随自意乐"，所立之宗必须是"不顾论宗"，即立论者所立的论题须是敌论者所反对的，亦即不得以立敌双方无争议的命题为论题。(2) 组成宗的两个宗依须是立敌共许极成的，即作为论题主词和谓词的两个概念必须为立敌双方共同许可。(3) 因法必须共许。(4) 因法须是宗上有法的共许法。(5) 因法还须是因同品的共许法。(6) 同喻依必须共许极成。(7) 用限定语简别自比量和他比量。(参见沈剑英《佛教逻辑研究》，上海古籍出版社2013年版，第476—479页。)

③ 参见张忠义《因明蠡测》，人民出版社2008年版，第294页。

④ 张忠义解释"语言的有序性原则"："语用学研究的一个重要问题就是弄清楚被研究对象的有序性结构，语言的有序性是语言逻辑重点研究的课题。语言是思维的外在形式，语言表述的顺序，实质上反映了人的逻辑思维过程。"(参见张忠义《因明蠡测》，人民出版社2008年版，第293页。)

辩中的谬误。① 最后，因明论证中的因三相原则，可以说是语用学整体性原则②的变形。此外，张忠义认为"因明的辩论推理是自然语言的推理，这种推理含有辩论者的主观因素，实质上是一种在特定文化背景下的思维的对话，必然地要在自身的文化特质基础上遵守这种合作原则"③。

也有不少学者认为因明论证与非形式逻辑中的论证具有天然的可比性。比如张汉生、庄明认为，因明作为佛家的论辩术，本质上是非形式逻辑。以因明五支论式为例，从论证方式来看，五支论式在形式逻辑中是无效的论证形式，但是在非形式逻辑中则属于合情论证。④ 戎雪枫在其博士学位论文《汉传因明论争研究》中也有关于"汉传因明的非形式逻辑研究"。在他看来，由于因明的形式化分析难以触及因明的论辩本性，应以更具包容性的非形式逻辑分析方法研究因明，因此其采用图尔敏的论证模式分析了因明论式，认为相较于因明与形式逻辑比较研究不考虑喻依，因明与图尔敏论证模型比较并不需要舍弃任何成分，更符合论辩特点，更具可比性。⑤ 傅光全在《汉传因明与非形式逻辑的联动》一文中作了初步尝试。傅光全认为，"因明学者对于论证的研究继承了印度因明的传统，主要关注论证在实践中的应用。"⑥ 就论证的实用性而言，因明中所说的论证即为非形式逻辑意义上的论证。从论式来看，汉传因明论证以陈那三支论式为主，相较于非形式论证的复杂形态要简约得多。从论证的构建原则来看，由于因明发展的悠久历史，因明论证证成原则和论辩原则较为完整。从对论证的评价来看，两者都倾向于认为

---

① 参见张忠义《因明蠡测》，人民出版社2008年版，第294页。
② 张忠义指出："整体性原则侧重各个要素之间的有机联系和相互作用。"（参见张忠义《因明蠡测》，人民出版社2008年版，第294页。）
③ 张忠义：《因明蠡测》，人民出版社2008年版，第295页。
④ 参见张汉生、庄明《非形式逻辑视野下的因明性质探析》，《燕山大学学报》（哲学社会科学版）2009年第4期。
⑤ 参见戎雪枫《汉传因明论争研究》，博士学位论文，南京大学，2015年。
⑥ 傅光全：《汉传因明与非形式逻辑的联动》，《哲学动态》2016年第7期。

好的论证是能够说服他者或者说是开悟他者的。因明判定论证好坏的标准是能否使他者开悟，即他者能否产生正确的认识。非形式逻辑则给出了具体的标准，比如约翰逊和布莱尔提出的相干性—充分性—可接受性标准。由此，傅光全总结说，从汉传因明的角度看，"非形式逻辑视论证为主要的研究对象、重视论证的语用因素等，与长期坚持以立破为中心的汉传因明之间也有着天然的亲近感"①。从非形式逻辑的角度看，"以论证体系为例，汉传因明从理论到应用、评估等，已经形成一套比较成熟的体系"②，为非形式逻辑的发展能够提供新的理论启示。因此，二者在理论及方法上能够相互借鉴、相互促进、共同发展。③

总的来说，从广义论证意义上研究因明论证，能够拓宽因明研究的视野，使人们不再拘泥于传统逻辑、形式逻辑与因明的比较，从而更加关注因明论证本身。采用形式化的方法研究因明并非不可行，从推理形式来看，形式化的方法能够帮助我们更加清晰地刻画因明论证的结构，而要建立因明形式化系统却是难以实现的。从狭义论证转向广义论证看因明论证，一方面兼顾了从推理形式看因明论证的结构；另一方面也能够关注到因明论证中论据的真实性或可接受性。因明论证作为佛学论证，总是被应用于论辩，具有动态过程，是前提到结论的交际行为复合体。而论证的目的在于"立正破邪"④"生决定解"⑤。因此，评价因明论证要关注形式有效性、论据真实性，更要关注论证的实效性。这也说明，从广义的论证视角下，结合因明古本典籍，系统挖掘因明论证理论，不仅是当前学界研究因明论证的大势所趋，还能彰显因明论证的独特性，突出我国优秀

---

① 傅光全：《汉传因明与非形式逻辑的联动》，《哲学动态》2016年第7期。
② 傅光全：《汉传因明与非形式逻辑的联动》，《哲学动态》2016年第7期。
③ 参见傅光全《汉传因明与非形式逻辑的联动》，《哲学动态》2016年第7期。
④ （唐）窥基：《因明入正理论疏》，CBETA 2024. R1, T44, no. 1840, p. 96b2.
⑤ ［印度］陈那：《因明正理门论本》，（唐）玄奘译，CBETA 2024. R1, T32, no. 1628, p. 3a6.

传统文化的生命力。

（三）因明唐疏论证理论研究现状

因明唐疏论证理论在陈那新因明早期论证理论的基础上有所发展。沈剑英总结为四点：第一，发展了六因理论（"六因说"）；第二，总结了简别的方法；第三，明确划分宗同品、宗异品和因同品、因异品；第四，丰富了过失论的内容。① 郑伟宏和黄志强认为还包括"除宗有法"问题。此外，还确立了以立破为中心的"八门"体系。②

关于"六因说"，学界多从语用和论辩的视角加以阐述。沈剑英从语用的视角分析了"六因说"。他比较了言语行为理论和因明六因说，认为言语行为理论与六因说有很多相似之处，比如言语行为理论将施行一次言语行为作为基本单位，与六因说中以给出一个三支论式作为从生因到了因的一次传递类似。再比如说，奥斯汀将言语行为分为：语谓行为、语旨行为和语效行为，大体上与六因的言生因、义生因和智了因相对应，等等。张忠义从论辩视角分析"六因说"，认为"六因说"实质上刻画的是立敌论辩中的表意与解意或者说是编码与解码的过程。《中国因明学史》一书则认为因明作为论辩逻辑，其"六因说"已经涉及了语言逻辑的范畴，是一种广义因论的语用机制和辩证思维。③

关于简别的方法，在因明论证中，简别的方法被应用于识别自比量、共比量和他比量。窥基认为"凡因明法，所能立中，若有简别，便无过失"④，即认为简别是一种能够避免错误产生的方法。自比量是指论辩中己方所认可的论证，共比量是指论辩双方都认可的论证，他比量是指论辩中对方所认可的论证。有学者认为"简别本是佛教简择各种事物差别的方法，新因明则移用来简别立敌双方对

---

① 参见沈剑英《佛教逻辑研究》，上海古籍出版社2013年版，第127—136页。
② 参见郑堆主编《中国因明学史》，中国藏学出版社2017年版，第46—49页。
③ 参见郑堆主编《中国因明学史》，中国藏学出版社2017年版，第57—59页。
④ （唐）窥基：《因明入正理论疏》，CBETA 2024.R1, T44, no.1840, p.115b28-29。

待概念的认可与否以及认可程度,以利于论辩在同一规范下进行"①,是因明立论式的灵活性表现。吕澂认为玄奘采用简别语立"唯识比量"②,不仅能够避免谬误,还能够显示因明论证"不是纯抽象的推理,而是跟人家辩论产生的,是具体的、有针对性的"③。

关于宗同品、宗异品和因同品、因异品。宗同品和宗异品是根据宗支上的所立法性质来划分的,具有所立法性质的一类事物是宗同品,不具有的是宗异品,这与陈那《门论》中的同品和异品的定义是一致的。因同品和因异品是根据因法的性质来划分的,具有因法性质的一类事物是因同品,不具有的是因异品。这是因明唐疏对陈那因明思想的发展。有学者认为因同品和因异品这一组概念是因明唐疏的误读,没有必要衍生这组概念。也有学者认为衍生出宗同品、宗异品和因同品、因异品,虽说是误读,但却能够帮助我们更好地理解因明论证。

关于过失论,因明唐疏根据"有体与无体""遮诠与表诠"

---

① 李匡武:《中国逻辑史》(唐明卷),甘肃人民出版社1989年版,第16页。
② "唯识比量"又称为"真唯识量",是玄奘在印度无遮大会上所立的论式。具体为:
宗:真故极成色,不离于眼识。
因:自许初三摄,眼所不摄故。
喻:犹如眼识。
玄奘立唯识比量的目的在于论证"境不离识,识外无境"的主张。境有多种,识也有多种,如果用"色"来代表境,"眼识"来代表识,那么只要论证"色不离于眼识",同样就可以论证"声不离于耳识"等,这样就能证明"境不离识,识外无境"。"真故"是简别词,表示依大乘胜义而立,避免产生世间相违的过失。"极成"是指论辩双方共同认可。"真故极成色,不离于眼识"是说按照大乘胜义你我都赞成的色,不能离开眼识。"初三"是指十八界六个组合中第一组的三个,即眼根、色、眼识。"自许"是自比量的简别词,即己方所认可的。"自许初三摄,眼所不摄故"是说我方认为色包含在眼根、色、眼识三者之中,但色并不属于眼根,眼识缘色只是以眼根为所依,色并不是在眼根之中。"如眼识"是说若是在"初三"之中,却不是在眼根之中,那么就不能离开眼识,比如说眼识。(参见姚南强主编《因明辞典》,上海辞书出版社2008年版,第97—98页。)
③ 吕澂:《吕澂佛学论著选集》,齐鲁书社1991年版,第1594页。

"全分与一分"等标准进行划分,在《入论》三十三过的基础上扩充了过失论。对此,有学者认为这样的划分过于烦琐。也有学者认为虽说过于烦琐,但这是因明唐疏,尤其是《大疏》对过失论的贡献,"一是自觉或不自觉地运用了组合论于因明,体现了逻辑与数理的早期结合,这是别具一格的;二是将逻辑上的可能情况用排列组合方法详细地推演出来,有助于思维的系统性和论证的严密性"①。

关于"除宗有法"问题,当前学界一致的看法是,喻依尤其是同喻依是需要除宗有法的,但就同品和异品是否要除宗有法,一直处于争论中。有学者认为同品和异品之中都要除宗有法,因为在论辩中如果同品和异品都不除宗有法,那么九句因中的"第五句因"将是正因。也有学者认为只有同品需要除宗有法,而异品无须除宗有法,因为异品是"天然"的除宗有法。还有学者认为同品、异品均不要除宗有法。因为从纯逻辑的角度来看,陈那九句因中的同品、异品概念并不涉及宗有法,只有在论辩中才涉及除宗有法的问题。因此要在区分逻辑范畴还是论辩范畴的前提下,才能涉及"除宗有法"问题。

关于以立破为中心的"八门"体系,窥基《大疏》依照商羯罗主《入论》所说的"八门二益"架构,并对"八门"之间的关系展开进一步论述。可以肯定的是,"八门中的现量与比量只是作为'立具',因此八门架构完全是以立破论证为中心的。"②《大疏》讨论八门之间的关系,实质上是为了论述建构因明唐疏论证理论框架的合理性。除此之外,有学者认为《大疏》中"辨八义同异"讨论的能立与能破的真似问题,反映了《大疏》判定真似"存在形式与功能两种角度……则具有论证有效性的能立必须在形式上三支具足无误,

---

① 郑堆主编:《中国因明学史》,中国藏学出版社2017年版,第57页。
② 郑堆主编:《中国因明学史》,中国藏学出版社2017年版,第46页。

在功能上能起到晓悟他者的作用"①。

综上所述，因明唐疏论证理论的内容非常丰富。在陈那新因明早期论证思想的基础上，因明唐疏对因明论证研究进一步发展，形成了关于论证与反驳的体系化的研究成果，即因明唐疏论证理论。而基于上述分析，观之当下，系统性、总体性、综合性的因明唐疏论证理论研究成果尚未形成。

三 研究脉络、研究方法和创新点

（一）研究脉络和研究方法

因明唐疏论证理论研究既有普遍性，又有特殊性。就普遍性而言，学界在因明论证的形式化研究中发现，一个好的因明论证，不仅要推理形式有效，还要具有真实的论据或是可被接受的论据，这就使研究因明论证的视角自形式逻辑转化至非形式逻辑。随着非形式逻辑关于论证研究的发展，人们发现日常生活中使用的论证并非静态的过程，而是一个动态的过程。区别于狭义论证要求形式有效，广义论证则认为，由于论证总是发生在论辩中，研究论证不仅有逻辑进路，还有论辩和修辞进路。"在三条进路中，逻辑进路侧重规范维度，论辩进路和修辞进路侧重描述维度"②，有学者开始试图从逻辑与论辩，或是逻辑与认知，或是逻辑与语用等方面阐述因明论证，并对存有争议的问题给出了不同视角的解读。由此，因明论证研究开始更多地从关注论证的有效性，过渡到关注论证的合理性。事实上，考察因明论证何以成立，只关注逻辑规则是不够的。因明论证具有其特殊性，因明源于论辩，服务于论辩，其本质是"为破邪论，安立正道"③，最终实现普度众生，解脱迷惑之智。这就是说，因明

---

① 陈帅：《窥基〈因明大疏〉对真似的判断说明》，《佛学研究》2020年第1期。
② 熊明辉：《论证理论研究：过去、现在与未来》，《南国学术》2016年第2期。
③ （唐）窥基：《因明入正理论疏》，CBETA 2024.R1，T44，no.1840，p.91c 8-9。

论证的目的是"生决定解"①,"如自决定已,悕他决定生"②,即能够使人产生正确的认识,实现自悟和悟他。如果要使因明论证实现这一目的,那么在逻辑上,要使论证有效(validity),具有保真的形式;在论辩上,要能够消除意见分歧,具有合理性(rationality);在修辞上,要采用策略行为使听众能够接受,实现论证的效力(effectiveness),即要求因明论证集有效性、合理性和实效性于一身。因明论证作为开悟的手段,综合了逻辑、论辩与修辞三个方面。因此说,评价因明论证是不是一个好的论证,逻辑规则只是必要的,但不是充分的,还需要考虑到论辩与修辞规则。从广义论证视角出发,结合当前论证研究的三条进路,兼顾规范维度与描述维度,系统地研究因明唐疏论证理论,成为当前因明研究的大势所趋。因明唐疏自唐代以来,历经千年,其独到的理论体系具有顽强的生命力,虽几近绝学,仍艰难发展,是具有重要文化价值和传承意义的"绝学"。"按照立足中国、借鉴国外,挖掘历史、把握当代,关怀人类、面向未来的思路"③,因明唐疏论证理论研究以因明唐疏文本为依托,从文本中还原因明论证的本来面貌,与当前论证理论研究互鉴,能够促进因明与论证理论共同发展。

为此,本书研究思路如下。

绪论辩名析理,在界定"因明""因明唐疏""因明唐疏论证理论"等概念的基础上,综述因明唐疏论证理论研究的趋势。

第一章和第二章采用文献法和概念分析法主要阐述因明唐疏论证理论来源和研究对象。因明唐疏秉承陈那新因明早期思想,受瑜伽行派"识外无境"思想的影响,因明唐疏的认识论来源融合量论

---

① [印度]陈那:《因明正理门论本》,(唐)玄奘译,CBETA 2024.R1,T32,no. 1628, p. 3a6。

② [印度]陈那:《因明正理门论本》,(唐)玄奘译,CBETA 2024.R1,T32,no. 1628, p. 3a7。

③ 习近平:《在哲学社会科学工作座谈会上的讲话》,《人民日报》2016年5月19日第2版。

与唯识论。"妙尽二因,启以八门,通以两益"①,因明唐疏以"八门二益"建构其理论框架,突出论证的功能在于"悟",论证的核心在于"立"与"破",这也是因明唐疏论证理论的研究对象。立破之说是在比量范畴下的探讨能立和似能立、能破和似能破,而立破之说具体探讨了论式、论证规则、谬误、反驳等内容,与当前论证理论所关注的内容不谋而合。本书通过诠释因明唐疏中论证(立)与反驳(破)的定义,分析因明唐疏对立破关系的认识,发现因明唐疏评价论证的根本标准在于能否实现悟他,关注的是论证的实效性,这就从论证效果上确立了评价论证的根本标准。

第三章采用文献法和图示法阐述因明唐疏论证理论中的论证机制。因明引入生因和了因,解释立论者和敌论者之间的对立关系,实际上也表明了"因"在论证中的地位。生因表示物理世界的因果关系,即现实因果关系;了因表示思维认识上的因果关系,是由前提到结论的推理关系,即逻辑因果关系。因明唐疏发展"二因说"为"六因说",以六因之间的因果关系作为因明唐疏的论证机制,反映了因明唐疏论证机制的发展历程。笔者在这一章的前三节主要采用文献法,从文本入手,厘清其发展历程,明确六因具体所指,为解释六因各要素之间的因果关系奠定基础。因明唐疏六因论证机制是在生因和了因基础上,以言、义、智三个层次划分而得。生因和了因实际上阐述的是立论者由自悟到悟他的过程。智因明确了立论者和敌论者的对立关系,言因是指言三支即三支论式,义因是指义三相即因三相。笔者在第四节主要采用图示法,以直观的形式讨论六因论证机制,展示立论者如何通过语言传达知识,敌论者如何通过语言产生认知的过程。本书结合文本解释因明唐疏中的论证机制是"六因说",通过图示分析六因之间的关系。研究发现,因明唐疏中关于"因"的解释包括两个层面:(1)现实因果关系层面,即生

---

① (唐)窥基:《因明入正理论疏》,CBETA 2024. R1,T44,no. 1840,p. 91c 28-29。

因；（2）逻辑因果关系层面，即了因。在这两个层面下，"因"的具体所指是不同的。此外，研究还表明，六因之间的因果关系是现实因果关系，而六因本身描述的是论辩中从立论者提出论证（生因）到敌论者理解、接受论证（了因）的过程，是逻辑因果关系。因此，六因是用现实因果，分析论辩中逻辑因果何以实现其认知功能的过程。

第四章采用比较研究法阐述因明唐疏论证理论中的论式。因明唐疏中使用的论式继承了陈那的三支论式。陈那之所以改革古因明五支论式，去掉合支和结支，在喻支上增设喻体，是因为五支论式本质上是从特殊到特殊的类比推理，在论辩中容易被对方从类比推理的相似性、映射性和语用性上诟病。因而陈那改五支为三支，保留喻依，增设喻体表明周遍关系。喻依具有相似性和语用性，能够保留类比形式的认知功能，明确结构映射上的周遍关系。三支论式中概念层级有着严格的规定，从体概念和义概念来看，三支论式中宗有法、同喻依、异喻依是体，即指事物自体，所立法、因法是义，指属性。立宗的形式是某自体是具有某种属性，强调的是自体的状态，因此，具备一定的时空性。从三支论式与形式逻辑的比较来看，为了进行比较，有学者会忽略因明三支论式的某些特殊性，强调两者共性，显然，这样是无法真正认识因明三支论式的。因此，本书从当代论证理论所说的论证形式来看三支论式，由于三支论式与图尔敏论证模型两者的基本结构都是组合结构，因此，通过比较两者的差异性来探讨因明三支论式的独特性。

第五章和第六章采用文献法阐述因明唐疏论证理论中的论证规则。因明唐疏论证规则包括立宗规则、辨因规则、引喻规则。除此之外，因明唐疏中还总结出了因明论证中的共许极成规则，即为可接受性原则。与此前学界关注不同的是，笔者通过原典文本，梳理因明唐疏论证规则及其应用，从知识论的视角阐述了共许极成规则的内容——极成真实。极成真实包括世间极成真实和道理极成真实，前者是概念层面的极成，后者是关系层面的极成。在因明论证中，共许极成规则的总要求是以极成成立不极成,就是用对方能够接受的知识或事实来证成对方所不能接受的知识或事实,在三支论式中具体表现为:极成宗依,不极成宗体;极成因法,极成因体;极成喻体,极成喻依,这些都是就共比量而言。在论辩中,一般会采用简别的方法应用共许极成原则,其实质是,参与主体为了在论辩中实现悟他,会采用利于己方的策略行为。而在这些策略行为下提出的论证,依据立论者的目的和意图可以分为自比量、他比量和共比量。自比量是用于建立自宗,他比量是用于反驳,共比量兼具自比量和他比量的功能。

第七章则是以上述总结的因明唐疏论证理论为分析工具,剖析因明论证如何被应用于藏传辩经。因明唐疏中的论证是广义的论证,具有动态过程,从论证机制、论式和论证规则来看,因明唐疏论证为论辩服务。藏传辩经是应用因明进行辩论的实践活动。从因明唐疏论证理论分析藏传辩经,一方面能够考察因明唐疏论证理论的实际应用,呈现因明唐疏顽强的文化生命力;另一方面也可以为分析各种具体的论辩活动提供重要参考。

本书在辩名析理的基础上,涉及概念分析法、文献法、图示法和比较研究法等研究方法,尊重文本,注重引经据典,进行古今对比,避免简单比附。以因明唐疏经典文献为基础,尊重汉传因明对实际应用的要求,将因明唐疏论证理论研究置于汉传因明文本本身,同时又放眼于论证理论,围绕因明唐疏论证机制、论式、论证规则等方面进行研究。

(二) 创新点

本书在现有研究的基础上,首次全面、系统地阐述了因明唐疏论证理论。从理论来源和研究对象、论证机制、论式、论证规则等方面系统分析和评价因明唐疏论证理论。

第一,研究视角。本书从广义论证视角研究因明唐疏论证理论,在论辩语境下研究因明唐疏论证的机制、结构和规则。狭义论证关注形式的有效性和论据的真实性,广义论证在狭义论证的基础上,为了实现合理性的论证，还关注了论证的实效性。因明论证研究已经出现了由狭义到广义的转向。基于此，本书首次系统地从广义论证视角梳理了因明唐疏中的论证理论。

第二，研究内容。因明唐疏是汉传因明传承陈那新因明早期思想的研究成果，总体上看，因明唐疏偏向于将论证理论应用于论辩的实践，因此，因明唐疏论证理论突出了六因论证机制、共许极成规则，等等。本书在古本典籍分析的基础上，在微观上，对因明唐疏论证理论从以下七方面作了新的阐发：（一）从量论与唯识论两重视角阐释因明唐疏的认识论来源。（二）明确因明唐疏论证理论的研究对象是"立"与"破"，评价论证的标准是"悟"，即论证的实效性。（三）因明唐疏论证的机制是六因。在六因论证机制研究中，首次对"因"的具体所指作了总结和概括。（四）认为因明唐疏三支论式中喻依具有的语用认知功能和映射结构周遍关系的作用。（五）认为因明唐疏论证规则中，形式规则是辨因规则、引喻规则，保证了论证的充分性和相关性，论辩和修辞规则是立宗规则、共许极成规则，保证论证的可接受性。（六）首次从认识论角度阐释了共许极成原则的内容是"极成真实"。（七）认为因明唐疏中的"简别"是建立在"共许极成"基础上的论辩策略。在此基础上，结合当代论证理论的相关内容，从宏观上系统地挖掘因明唐疏中的论证机制、论式、论证规则和谬误论。同时，在比较研究中，以因明唐疏论证理论反观当代论证理论。

第三，理论应用。本书在阐发因明唐疏论证理论的基础上，尝试应用因明唐疏论证理论分析实际论辩。因明唐疏乃至于整个汉传因明都没有对能破作论式规定，但藏传因明在传承因明时发展出了能破的论式应成式，并用于藏传寺庙的辩经。从因明唐疏论证理论分析藏传辩经，一方面是从因明唐疏的论证机制、论证规则等方面研究辩经；另一方面辩经的思维方式可以为理性和批判性思维提供借鉴，借用辩经来反观因明唐疏论证理论，有助于沟通汉藏文化，促进理性对话，消除意见分歧。

第 一 章

因明唐疏论证理论来源

第一节　因明唐疏的认识论

　　因明是大乘瑜伽行派在吸收并发展正理派思想基础上建构起来的。古因明时期，弥勒、无著、世亲等人注重因明辩论术。经陈那改革，"以因明贯穿佛学，其逻辑兼有认识论之功，开创了以认识论为主的佛教学派"①。玄奘西行求法归来，先后译出"大小二论"，以立破为核心传授陈那新因明早期思想。"但是，玄奘所传的因明学说实际上并不限于这两部根本典籍中阐述的内容。玄奘甚至根据陈那晚期的集大成之作《集量论》，有时还从陈那以后印度本土新出现的理论进展角度，来重新阐释陈那早期的《正理门论》和商羯罗主的《入正理论》。"② 由此可知，由奘门弟子注解而成的因明唐疏是以"大小二论"为纲，隐含着以量论为核心的陈那新因明晚期思想。但从篇幅上看（主要是从窥基的《因明大疏》上看），因明唐疏在"八门二益"的框架之下，仍以立破为重，辅之以量论。或许这是由

---

① 宋立道：《因明的认识论基础》，载刘培育编《因明研究：佛家逻辑》，吉林教育出版社 1994 年版，第 233 页。

② 汤铭钧：《玄奘因明思想论考》，中西书局 2024 年版，第 10 页。

于相较于量论，玄奘更偏重因明立破的工具性。而从内容上看，因明唐疏则融入唯识论的基本观点诠解"大小二论"。因此，因明唐疏的认识论来源主要由两部分构成。其一，是因明唐疏本身所阐释的量论。其二，是因明唐疏诠解"大小二论"时所蕴含的唯识论观点。

一　量论

因明唐疏认为在"大小二论"中，现量和比量是能立的所依，即"立具"，是间接证成，具有间接悟他的功能，因此，即便"大小二论"偏重因明的工具性，也不可能完全绕开知识论（量论），因明唐疏论证理论也必须要阐述知识论（量论）。此外，从知识论本身来看，"知识论主要研究知识的存在、来源及辩护"①，即确证的知识（量）从何而来？如何对知识（量）进行确证？"知识是一种信念，是对一个命题为真所持有的一种信念……要使关于一个真命题的信念上升为知识，必须要求认知者对于该真命题所持有的信念具有充足的理由"②，而因明"简持能立、能破义中真实"的内核，正是认知主体为确证知识而寻求充足理由的方式，彰显着认知主体对知识（量）的确证，属于知识论中不可或缺的一部分。因此，玄奘在译介因明时，实质上就是在译介量论（知识论），只不过是从论辩层面上寻找确证知识为真的可靠方式。换言之，因明"立正破邪"的宗旨，本质上就表明在知识论层面上，因明与量论的目标是一致的。

因明唐疏继承了陈那关于"唯立二量"的观点，认为能够称之为"量"的只有现量和比量。"量是规矩绳墨准确刊定之义。凡构成知识之过程，以知识之本身悉名量"③，"古印度学者把量的意义引入认识论中，把量视为判别认识是非真伪的标准，进而加以分类，

---

① 张学立、张存建：《中国古代逻辑的文化实践取向及当代价值——知识论视角的证明》，《江淮论坛》2023 年第 4 期。
② 陈波：《哲学：知识还是智慧？》，《中国社会科学》2023 年第 8 期。
③ 虞愚：《虞愚文集》，单正齐编，商务印书馆 2018 年版，第 222 页。

也就直接指认识本身了，后来又进一步把获得认识的手段、形式，认识的过程和认识的内容及其证明，都称为'量'"①，因此，对于量的探讨，本质上就是对知识的探讨。现量和比量是如何认识世界的？为什么现量和比量能够成为确实性的认识？两者之间的关系是怎样的？这是因明唐疏论证理论中知识论的基本问题。为了解释清楚这一问题，我们需要结合以下几个方面来分析：为什么玄奘继承了陈那因明，认为在诸多能量中，能量的方式仅仅只有现量和比量，而没有其他的量呢？因明唐疏论证理论是否完全遵循了"大小二论"呢？

（一）多量与二量

历史上，在陈那之前并非只有二量，除了现量和比量之外，还有声量②、譬喻量③等量，因此，有人立三量、四量、五量、六量、七量乃至八量。那为什么陈那"唯立二量"呢？"古代印度婆罗门教和其他流派都有关于量的说法，对量作了种种归类，形成量论。"④ 比如，正理派认为能量有四种，分别是现量、比量、譬喻量和声量。"现量主要指感官知觉，亦即由眼、耳、鼻、舌、身直接所得的感觉。比量是指基于直接感觉的判断，它的对象是间接的，在彼时并未被感觉所呈现。譬喻量是根据与未知对象极为相似的已知对象来确认未知对象……声量则是指我们从可信赖的人，亦即信息权威那里获取的知识。"⑤ 但在陈那看来，能量只有现量和比量，他

---

① 方立天：《佛教哲学》，中国人民大学出版社2012年版，第245—246页。
② "声量"：又称为正教量、圣教量、至教量，是指借助权威而获得的认识，是各派自奉的圣教。（参见姚南强主编《因明辞典》，上海辞书出版社2008年版，第18页。）
③ "譬喻量"：又称为义准量，是指通过譬喻来显现的量，根据已知之物与未知物的相似来认识未知物。（参见姚南强主编《因明辞典》，上海辞书出版社2008年版，第18页。）
④ 方立天：《佛教哲学》，中国人民大学出版社2012年版，第246页。
⑤ [德] 顾鹤（Eberhard Guhe）：《早期正理派中的推理》，方岚译，载郑伟宏主编《印度因明研究》，中西书局2021年版，第339页。

在《门论》中提到：

> 为自开悟唯有现量及与比量，彼声、喻等摄在此中，故唯二量。由此能了自、共相故，非离此二，别有所量为了知彼更立余量。①

从本体论视角来看，主体所量对象只有自相和共相，相应地，能量也就只有现量和比量。由于所量对象已经被穷尽，因此其他的能量就不再具备独立性，而被囊括在现量和比量中。因明唐疏中虽然也提到了外道和古因明师的看法，但大多注疏都支持陈那"唯立二量"的观点。比如，文轨在《庄严疏》中提到：

> 今陈那意，唯存现、比，余之五量，摄在比中。何以尔者？夫能量者要对所量，所量既唯自、共二相，能量何得更立多耶？故自悟中唯有二量等。为了自相，则立现量，为了共相，即立比量，非离此二自、共相外，更有余相可为所量，为了知彼须立余量也。②

净眼在《因明入正理论后疏》中也提到：

> 依西方诸师，立量数不同：且如数论师及世亲菩萨等，立有三量……或有立其四量……或有立其五量……或有立其六量……或有立其七量……或有立其八量……若依陈那及商羯罗主菩萨等，唯立二量：一名现量，二者比量。何因唯立二量？

---

① ［印度］陈那：《因明正理门论本》，（唐）玄奘译，CBETA 2024. R1，T32，no. 1628，p. 3b10–13。

② （唐）文轨：《因明入正理论疏》，载沈剑英校补《敦煌因明文献研究》，上海古籍出版社2008年版，第374页。

> 至为一切诸法有二种相，一者自相，二者共相。①

不同于文轨、净眼，窥基在《大疏》中也强调陈那依据所量的对象只有自相和共相，明确提出能量有且只有现量和比量，即"依此二相唯立二量"，但窥基并没有一以贯之陈那的做法，而是试图调和古因明师的"立三量"与陈那的"立二量"：

> 古师从诠及义，智开三量。以诠、义从智，亦复开三。陈那已后，以智从理，唯开二量。若顺古并诠，可开三量。废诠从旨，古亦唯二。当知唯言，但遮一向执异二量外，别立至教及譬喻等，故不相违。②

窥基解释立三量的理由在于古因明师"以诠、义从智"，"义诠虽别，俱为所缘。以义为二：谓自、共相；以诠为一：谓能诠教，以此三境，从能缘智，亦复开三"③，由此，古因明师即"以境从智"依据能缘智来确认所缘境，而陈那则"以智从理"，"理者，所缘之境。境多不过自、共二相。境既唯二，能缘之智，但分现、比"④，即"以智从境"，依据所缘境来确认能缘智。两者在能所关系上看法一致，认为"智"为能缘，"境"为所缘，能缘能够证知所缘。但究竟是依"智"还是依"境"来确定能量呢？"在量度中如尺可说是能量，被量的布可说是所量，用尺子量布的长短，可称为量果"⑤，显然，没有布，尺如何发挥其丈量的作用？若依"智"

---

① （唐）净眼：《因明入正理论后疏》，载沈剑英校补《敦煌因明文献研究》，上海古籍出版社 2008 年版，第 279 页。
② （唐）窥基：《因明入正理论疏》，CBETA 2024. R1，T44，no. 1840，p. 137c 11 – 15。
③ ［日］善珠：《因明论疏明灯抄》，东京：佛书刊行会 1914 年版，第 431 页。
④ ［日］善珠：《因明论疏明灯抄》，东京：佛书刊行会 1914 年版，第 431 页。
⑤ 方立天：《佛教哲学》，中国人民大学出版社 2012 年版，第 245 页。

确立能量，就如同用尺（能量）来说明尺（量果）的确实性，就必须要溯源"智"的终极实在性，也就不得不为能诠教即圣言量留有一席之地。而依"境"确立，就如同用布（所量）来说明尺（量果）的确实性，就必然会取消圣言量，因为"境"作为所缘对象，其指向非常明确——有且仅有自相和共相，那么，"除其现证之外，皆观共相，以知所量即正教量摄入比量"①，如此便能将圣言量纳入比量之中，取消圣言量的独立地位，只立现量和比量。"由于陈那不把能诠之教作为量而别立，因此，就不是量开合的问题而是立与不立圣教量的态度对立的问题"②，但窥基却认为"若顺古并诠，可开三量。废诠从旨，古亦唯二"，似乎"以境从智"与"以智从境"仅仅只是视角的不同，并无多大差异。究其根本，窥基或许是为了坚守师传和唯识宗的宗教立场，无法从根本上秉承陈那取消圣言量的做法，正如顺真所说："由于窥基不仅秉承玄奘大师口义，并坚守唯识宗为信仰本位的宗教立场，故即使在陈那已然明确取消圣教量而主张二量说的前提下，其依旧将陈那之说混同于唯识七因明的三量说。"③ 但从根本上看，"以智从境"即依所量来确立能量，所以"唯立二量"，这也就体现出现量和比量的普遍性、完备性。

（二）二量与二相

"依此二相唯立二量"，陈那明确依据所量对象只有自相和共相，确立能量只有现量和比量。那么，现量和比量是如何产生确实性的认识呢？或者说，现量和比量为什么是可靠的呢？

一方面，因明唐疏秉承陈那"以智从境"，依自相立现量，依共相立比量的观点。所谓自相，是指"一切诸法，各

---

① [日]藏俊：《因明大疏抄》，《大正藏》第68册，No.2271，第744页。
② [日]武邑尚邦：《佛教逻辑学之研究》，顺真、何放译，中华书局2010年版，第107页。
③ 顺真：《印度陈那、法称"二量说"的逻辑确立》，《逻辑学研究》2018年第3期。

附己体"①，且"一切诸法皆离名言，言所不及唯证智知"②，即自相是事物只局限、依附于自身，且不能用"言"表达，只能用"智"直观。所谓共相，是指"以分别心，假立一法，贯通诸法，如缕贯花"③，"为名言所诠显"④，即用分别心抽象出各种事物的共性，以共性来连接不同的事物，如同缕线贯穿花朵一般，需要借助名言来诠释表达。正如慧沼在《二量章》中的解释："陈那菩萨，取缘心及以所缘境，无过自、共。此中自相，即为自体，共相即贯通余法。缘自相心，名为现量。缘共相心，名为比量。离此二外，无别所缘可更立量，故但立二。"⑤ 可为什么认知对象却只有自相和共相呢？顺真认为，"从认知发生的观点看，所言自相乃存在自体全分之存在，而所言共相乃能量心之分别功能单向度摄取自相全分而成关于存在自体之一分的存在者。"⑥ 即把认知对象划分为自相和共相的依据在于是否具有自体，自相即具体事物，是有自体的，而共相作为对诸多具体事物的共性的抽象，只是认知主体分别心的作用。沈剑英则从直接经验和间接经验的角度予以解释——"在认识这无穷对象的过程中，世人无非是采用直接经验的方法去认识个体对象的自相，这自相就是局限于个体自身的表征；或是通过间接经验的方法去认识一类对象的共相，这共相就是遍及于一类事物的共同属

---

① （唐）窥基：《因明入正理论疏》，CBETA 2024.R1，T44，no.1840，p.138a14。

② （唐）文轨：《因明入正理论疏》，载沈剑英校补《敦煌因明文献研究》，上海古籍出版社2008年版，第374页。

③ （唐）窥基：《因明入正理论疏》，CBETA 2024.R1，T44，no.1840，p.138a15–16。

④ （唐）文轨：《因明入正理论疏》，载沈剑英校补《敦煌因明文献研究》，上海古籍出版社2008年版，第374页。

⑤ （唐）慧沼：《大乘法苑义林章补阙》，CBETA 2024.R1，X55，no.882，p.160a7–10//R98，p.61b6–9//Z 2：3，p.31b6–9。

⑥ 顺真：《印度陈那、法称"二量说"的逻辑确立》，《逻辑学研究》2018年第3期。

性和本质属性"①。综合来看，无论是从认识对象的划分依据来看，还是从认知主体的认知方式来看，认知对象只能有自相和共相。

另一方面，从现量和比量的内涵来看。首先，"此中现量，谓无分别。若有正智于色等义，离名种等所有分别，现现别转，故名现量。"② 现量（pratyakṣa）即"无分别"，"无分别者，亲证所缘"③，即直接感知认知对象。"五根各各明照自境，名之为'现'；识依于此，名为'现现'；各别取境，名为'别转'。"④ "现"即为"根"照"境"，"现现"即"识"依"现"。由此，在现量的定义中凸显了其两点特质：一是认知主体的"正智"无分别地认知对象；二是认知对象在认知主体"现现别转"中显示自相的真实境义。因此，现量的所量和能量都是真实可靠的，现量便具备了可靠性。其次，"言比量者，谓藉众相而观于义。相有三种，如前已说。由彼为因，于所比义有正智生，了知有火或无常等，是名比量。"⑤ 比量就是在有名言分别的层面上，以现量为基础，用有效的方式产生"正智"，从而对知识进行确证。窥基概括比量（anumāna）为"用已极成，证非先许，共相智决"⑥，即用立敌双方已经共许极成的因和喻，来证成立敌双方所不共许的宗，从而产生"正智"。虽然比量是在"有分别"的层面上进行的，但是比量的基础是现量，以比量作为能量，用有效的方式产生"正智"，因此，从比量产生的源头、过程和结果来看，比量也具备了可靠性。而这也显示了陈那"唯立二量"

---

① 沈剑英：《佛教逻辑研究》，上海古籍出版社2013年版，第542页。
② ［印度］商羯罗主：《因明入正理论》，（唐）玄奘译，CBETA 2024. R1, T32, no. 1630, p. 12b27－29。
③ ［日］善珠：《因明论疏明灯抄》，东京：佛书刊行会1914年版，第430页。
④ （唐）窥基：《因明入正理论疏》，CBETA 2024. R1, T44, no. 1840, p. 139c8－10。
⑤ ［印度］商羯罗主：《因明入正理论》，（唐）玄奘译，CBETA 2024. R1, T32, no. 1630, p. 12b29－c3。
⑥ （唐）窥基：《因明入正理论疏》，CBETA 2024. R1, T44, no. 1840, p. 93b26－27。

的两个证明视角：

  陈那认为，之所以量唯现量与比量，其证明的向度之一，在于从逻辑的观点看，人类能量功能的所量对象唯有自相与共相；其证明的向度之二，在于从认知发生的观点看，所言自相乃存在自体全分之存在，而所言共相乃能量心之分别功能单向度摄取自相全分而成关于存在自体之一分的存在者。①

二　唯识论

  玄奘西行求法归来掀起了汉传因明研究的热潮，是汉传因明史上第二次引入印度因明研究成果。在大乘瑜伽行派宣扬唯识论的背景之下，玄奘"所精通的唯识学说，好些有关系的问题需要论证或辩难的，都和因明分不开来"②。因此，他译授以立正破邪为宗旨的因明，目的在于阐明主体认知机制，成立确实性知识。因明唐疏在玄奘的影响之下，应用因明论式于唯识，于诠解"大小二论"中融入唯识义理，使唯识与因明相互交融，比如玄奘所立的"唯识比量"（又称"真唯识量"）。而"在学习与践行方面，由于唯识、因明理论的启发，使学者知道如何正确地运用概念、思维，以及从概念认识证得实际而复反于概念的设施，这样贯通的真俗二谛的境界，学行的方法也才得着实在。"③可以说，唯识之于因明以认识论为基础，因明之于唯识以方法论为支撑。在因明唐疏的文本中，主要是从主体认识的来源、结构和机制等方面以唯识义理支撑因明，比如"二谛论""识分说"等。

---

① 顺真：《印度陈那、法称"二量说"的逻辑确立》，《逻辑学研究》2018年第3期。
② 吕澂：《中国佛学源流略讲》，中华书局1979年版，第349页。
③ 吕澂：《中国佛学源流略讲》，中华书局1979年版，第352页。

（一）二谛论

认识论要解释的基本问题在于主体如何正确地认识世界。瑜伽行派作为佛教的重要流派，在认识论方面，不仅要解决主体如何正确地认识世界，还要解释主体如何达致正智，实现解脱。对于这两个问题的回答，便产生了世间认识和出世间认识。"佛教认为通过世间的认识——分别识，进而观破分别识的缺陷，舍断分别识，证入出世间的认识——无分别智，真理也就呈现于面前：认识主体和认识对象、智慧和真如（真实、绝对）完全一致，无所分别。"[①] 由此，在认识上，瑜伽行派区分出两重世界，两种认识。

相应地，对于两种认识的判断即两种认识是否真实的问题，也就有了两种回答，一种是先验性的，一种是经验性的，即舍尔巴茨基说的"一是在纯感觉活动中反映的终极绝对的实在；另一是在对象化的表象中反映出来的经验的受到限制的实在"[②]，姚南强总结为"一种是天启的、直觉的宗教真理，一种世俗真理，是由感官得到的经验认识及其后的推理"[③]，这也就是瑜伽行派继承中观派"二谛论"中关于真理的阐释，"所谓'二谛'就是两个真理。在佛教中通常指'真谛'与'俗谛'。'真谛'一词一般译自梵语'paramārthasatya'（亦汉译为'第一义谛'或'胜义谛'，有时简译为'第一义'或'胜义'）；'俗谛'一词一般译自梵语'saṃṛtisatya'（亦汉译为'世俗谛'或'世谛'，有时简译为'世俗'）。"[④] 真谛是出世间的，无分别的，离言不可说，先验的，真实的，属于圣者的认识境界；俗谛是世间的，分别的，可说的，经验的，虚妄的，属于凡夫的认识境界。

[①] 方立天：《佛教哲学》，中国人民大学出版社 2012 年版，第 207 页。
[②] ［俄］舍尔巴茨基：《佛教逻辑》，宋立道、舒晓炜译，中国社会科学出版社 2011 年版，第 84 页。
[③] 姚南强：《汉传因明知识论要义》，知识产权出版社 2019 年版，第 204 页。
[④] 姚卫群：《印度几部重要佛典中的"二谛"观念》，《佛学研究》2012 年总第 21 期。

如何使真谛与俗谛这两者进行沟通？瑜伽行派依据"假必依实"的原则，认为"真谛是佛教的最高真理，它严格来说是超言绝相的，但要让人理解，又不得不借助言语或世俗的道理（俗谛）来表述它"①。这就说明，"假必依实"有两方面含义："一者承许第一类存在，所谓实体；二者承许一切法必须依于实体安立，即以第一类存在为所依，建立第二类存在。相对于第一类存在，第二类存在是依附性的次级存在，所以前者可称为实，后者可称为假。由实的存在而有假的存在，即是'假必依实'。"② 由此，"假必依实"的原则表面上是在真假和有无之间架起了一座桥，实质上是在本体论与认识论上确立了真实的标准，既肯定了经验世界的可知可感，又维护了先验世界中宗教的超验体验。

因此，在认识论上，"必然要成立两层存在论，建立起两重世界：一是依他有的内在世界，它是心识的一分，即相分；二是遍计所执的外在世界，它是如同龟毛兔角般的毕竟无，只是名言施设而已……强调依他有之内境并非遍计无之外境，其目的正在于要将纯粹直观的世界从名言计执的世界中分离出来，或者说，将自相世界从被实在论化了的共相世界中分离出来，从而为世界知识的成立厘定其确实性与可靠性的根基，因而这是与由陈那所开启的'知识论转向'相一致的。"③ 瑜伽行派以"二谛论"为基础建构两重世界，两种真实，以"假必依实"的原则沟通两者。因明唐疏在认识论上，虽以现量、比量为"立具"，但仍偏重比量上的"立""破"之法，重视因明论辩的工具性，实质上是在俗谛上为真谛提供可证知、可接受的途径。

---

① 姚卫群：《印度婆罗门教哲学与佛教哲学比较研究》，中国大百科全书出版社2014年版，第116页。

② 周贵华：《唯识通论——瑜伽行学义诠（下）》，中国社会科学出版社2009年版，第342页。

③ 傅新毅：《识体与识变：玄奘唯识学的基本问题》，中西书局2024年版，第572页。

（二）识分说

瑜伽行派关于唯识论的基本观点是万法唯识，识外无境。"'唯识'就是'一切不离识'。而'无境'则指无外境，非无内境。这样，现存的一切事物都不离识，而不离识的一切事物都是识的内境，所以，识是一切事物的本体。"① 从认识论上看，瑜伽行派认为心不能认识识外之物，心只能认识自身所变现的影像。为此，瑜伽行派安慧的"一分说"、难陀的"二分说"、陈那的"三分说"、护法的"四分说"均探讨了心识结构和认知机制②。而在因明唐疏中，护法的"四分说"被认为是最完备的。护法"四分说"在陈那"三分说"的基础上，增加了"证自证分"，并认为"自证分"与"证自证分"可以互证，使"四分说"完满地解释了心识结构和认知机制。

护法"四分说"认为心识认知的基本要素是"相分""见分""自证分"和"证自证分"。"似所缘相说名相分，似能缘相说名见分。"③ 相分是心识的认识对象，见分是心识的认识作用或认识能力。因此，按照能所的关系来看，相分是所缘、所量，见分是能缘、能量。但作为认识活动的所量和能量，最后一定会呈现认识的结果，即量果，因此，相分、见分必然是要有所依的，即"相、见所依自

---

① 林国良：《成唯识论直解》，复旦大学出版社2000年版，第9页。
② 安慧认为只有"自证分"，所以是"一分说"；难陀认为有"见分"和"相分"，所以是"二分说"；陈那认为有"见分""相分"和"自证分"，所以是"三分说"；护法认为有"见分""相分""自证分"和"证自证分"，所以是"四分说"。据吕澂的《印度佛学源流略讲》，"无著、世亲以后，大乘学说内部有了鲜明的分立，主要有两派：一是瑜伽行派，一是中观派"。而瑜伽行派又可分为以难陀、安慧为代表的"唯识古学"（由于他们主张相分是无体的，见分也无其行相，因此又称为"无相唯识说"）和以陈那、护法为代表的"唯识今学"（由于他们主张相分是有实体的、实在的，见分也有其行相，因此又称为"有相唯识说"）。（参见吕澂《印度佛学源流略讲》，上海人民出版社1982年版，第195—212页。）
③ ［印度］护法：《成唯识论》，（唐）玄奘译，CBETA 2024. R1, T31, no. 1585, p. 10a 23 – 24。

体名事，即自证分"①，也就是说，相分和见分所依的自体是"自证分"，其"作用在于缘见分的自相，以自证所知"②。护法在《成唯识论》中认为，相分、见分、自证分可与所量、能量、量果一一对应，且所量、能量和量果是同自体。然而，"又心心所若细分别应有四分：三分如前，复有第四证自证分。此若无者，谁证第三？"③ 自证分可以使我们证知有相分和见分，但我们又是依据什么来证知自证分存在的呢？这就需要有"证自证分"，护法在将陈那"三分说"中的"自证分"进一步细化，认为"认识过程的发生，心识自身确知见分功能的作用是'自证分'；能证知'自证分'的量果名'证自证分'，此亦'自己认知自己'"④。那我们又是如何证知"证自证分"的呢？护法认为"自证分"和"证自证分"之间能够互证，"自证分"的存在依赖于"证自证分"，"证自证分"的存在依赖于"自证分"。由此实现证知的闭环，巧妙地避免了认识上无穷倒推的过失。

净眼在《因明入正理论后疏》中，从能量、所量、量果的关系出发，对"四分说"中的相分、见分、自证分和证自证分之间的关系进行了梳理：

> 次约四分辨能量、所量即量果等分别者，相分是一向所量；见分唯通能量、所量，不通量果；自证、证自证分通能量、所量及量果也。且如相分是所量，见分是能量，自证分是量果；见分是所量，自证分是能量，证自证分是量果；自证分是所量，证自证分是能量，自证分是量果；证自证分是所量，自证分是能量，证自证分是量果也。⑤

---

① [印度] 护法：《成唯识论》，(唐) 玄奘译，CBETA 2024. R1，T31，no. 1585，p. 10b7。
② 沈剑英：《佛教逻辑研究》，上海古籍出版社 2013 年版，第 551 页。
③ [印度] 护法：《成唯识论》，(唐) 玄奘译，CBETA 2024. R1，T31，no. 1585，p. 10b 17 – 18。
④ 陈雁姿：《陈那观所缘缘论》，宗教文化出版社 2020 年版，第 213 页。
⑤ 沈剑英：《敦煌因明文献研究》，上海古籍出版社 2008 年版，第 158 页。

为了更直观地显示，沈剑英对此进行了列表图示（见表1-1）①。同样，从能量、所量、量果的关系来看，自相、共相是所量，分别对应的能量是现量和比量，而现量、比量的量果分别是认知主体的现量智和比量智。综合来看，从心识结构和认知机制上看，识分说与量论之间的关系就非常清晰了，"似境相所量，能取相、自证，即能量及果，此三体无别"②，傅新毅解释说：

> 只是因为自证的心识显现为自相、境相等各种相，我们才假立了能量、所量等，其实这里并没有真实的能认知、所认知的作用，以一切法皆无作用故……境相作为心识的显现是所量，与之相对，显现的能取相是能量，而它们的自证即是量果。三者只是就心识的不同面相、不同意涵而作出的区分，实则同为一体……此处所量是相分，能量是见分，量果是自证分，它们都是心识内部的一部分，因而"此三体无别"。③

表1-1　　　　从能量、所量、量果的关系看"四分说"

所量	能量	量果
相分	见分	自证分
见分	自证分	证自证分
自证分	证自证分	自证分
证自证分	自证分	证自证分

---

① 沈剑英：《敦煌因明文献研究》，上海古籍出版社2008年版，第158页。
② ［印度］护法：《成唯识论》，（唐）玄奘译，CBETA 2024.R3，T31，no.1585，p.10b15-16。此处是《成唯识论》引用陈那《集量论·现量品》的偈颂，法尊翻译该偈颂为"若时彼现相，所量量与果，能取能了故，彼三非各异"。长行解释为："以行相为所量，能取相为能量，能了知为量果。此三一体，非有别异。"（法尊译编：《集量论略解》，中国社会科学出版社1982年版，第6—7页。）
③ 傅新毅：《识体与识变：玄奘唯识学的基本问题》，中西书局2024年版，第636—637页。

"现量证诸法自相，比量证诸法共相。这自、共二相就是所量，亦即相分；现、比二量即是能量，亦即见分；现量智和比量智即量果，亦即自证分。"① 而"证自证分"是对"自证分"的证知，两者可以互证，因此，现量智和比量智亦是证自证分。"于二量中，即智为果"，现量智和比量智作为量果，重点在于"智"，"智"的自体即认知主体的心识，因此，"三、四二分由取自体，故现量摄"②，"自证分"和"证自证分"的互证方式是认知主体的自我观照，是无分别的直接认识，即现量。在四分说中，相分和见分是涉外的认知关系，自证分和证自证分是内部的认知关系。同时，相分只能是所量，而不能是能量或量果；见分可以是所量，也可以是能量，但不能是量果；只有自证分和证自证分可以是量果，也可以是所量或者能量。③ 因此，识分说中，作为内部认知关系的自证分和证自证分的互证即是认知主体"自己认知自己"，属于现量，而在涉外认知关系中，见分根据相分产生认识，相分是自相，见分产生的认识是现量；相分是共相，见分产生的认识是比量。

值得注意的是，在瑜伽行派唯识论的观点之下，识分说强调识分同一自体，即心识的主体，可问题在于见分、自证分、证自证分均属认识主体所具备的能力，而作为所量即认识对象的相分为什么与其是同一自体呢？这是因为，在大多数人看来，主体认识的产生源于对外在世界的观察，因此，"外境是所缘，相分名行相，见分名

---

① 沈剑英：《佛教逻辑研究》，上海古籍出版社2013年版，第561页。
② （唐）窥基：《成唯识论述记》，CBETA 2024.R1, T43, no. 1830, p. 320a25 – 26。
③ "此四分中，前二是外，后二是内。初唯所缘，后三通二，谓第二分，但缘第一，或量非量，或现或比。第三能缘第二、第四，证自证分唯第三，非第二者，以无用故。第三、第四，皆现量摄，故心、心所，四分合成，具所、能缘，无无穷过，非即非离，唯识理成。" （[印度]护法：《成唯识论》，（唐）玄奘译，CBETA 2024.R1, T31, no. 1585, p. 10b22 – 28。)

事，是心心所自体相故"①，即外在事物是认识的对象，相分是认识能力或认识作用，见分是心和心所的主体。但在瑜伽行派唯识论的基本主张是"识外无境"，主体认识的产生并非源自外境，而是内境，"相分是所缘，见分名行相，相见所依自体名事，即自证分"②，相分是认识对象，见分是认识能力或认识作用，自证分是心识的主体。而且，相分并不是外在于主体的认知对象，相分是"似所缘相"，是"所缘"的影像，即"所缘缘"。陈那在《观所缘缘论》中指出，"所缘缘者，谓能缘识带彼相起，及有实体令能缘识托彼而生"③，"所缘缘"不仅要"具有与当前物体相似的形象"，还要能"使表象生起"，因此，"内境"才是真正的"所缘缘"④。比如说，当一个人认识一个苹果的时候，苹果是外境，人的眼睛看到外境的苹果，苹果的影像随即落在人的视网膜上，并在人的大脑中产生苹果的表象，苹果的表象即"所缘缘"，因为如果这个人闭上眼睛，视网膜上苹果的影像会消失，但是在大脑中产生的苹果的表象并不会消失。此外，"由于刹那变易，因而事物都是各异的，不存在任何同一性。但借着思想，我们可以从无穷刹那系列中抽出一一横截面，这便是概念表象，亦即是共相和分别的认识。"⑤ 时间就好比是一条直线，某一刹那是这条时间线上的一点，外在的世界刹那生灭，那么外境的苹果便一直处于瞬息万变中，苹果的表象只是某一刹那主体对苹果影像的复刻。所以，这个人在认识苹果的时候，心识作用

---

① [印度] 护法：《成唯识论》，(唐) 玄奘译，CBETA 2024. R1，T31，no. 1585，p. 10b 2 – 3。

② [印度] 护法：《成唯识论》，(唐) 玄奘译，CBETA 2024. R1，T31，no. 1585，p. 10b 6 – 7。

③ [印度] 陈那：《观所缘缘论》，(唐) 玄奘译，CBETA 2024. R1，T31，no. 1624，p. 888b12 – 13。

④ 参见陈雁姿《陈那观所缘缘论》，宗教文化出版社 2020 年版，第 164—167 页。

⑤ 宋立道：《因明的认识论基础》，载刘培育编《因明研究：佛家逻辑》，吉林教育出版社 1994 年版，第 240 页。

的对象实质上并不是外境的苹果而是苹果的表象。由此，相分实质上与见分、自证分、证自证分是一样的，都是以由心识主体而生，即识分是同一自体。

综上所述，因明唐疏在识分说上，主要是以护法"四分说"阐释心识结构和认知机制，并通过所量、能量和量果之间的关系，厘清了相分、见分、自证分、证自证分和现量、比量之间的关系。因明唐疏重在"立正破邪"的比量研究，在识分说上表现为见分对相分的认识，也就是要回答如何使见分准确地认识相分。在因明认识论的研究上，就是要阐释在现量的基础上如何规范比量，"因为我们不能超出感觉去思想，而只能在第一刹那感触对象，随后生出意识分别……经验的认识又不能凭空而起，它必然有真实的直观前导，否则它便只能是纯粹的错乱，因为认识活动有这样一个真实的感觉基础，所以它在经验世界中才有一定的功能。从世俗经验的立场看，认识的对象毕竟是相续不断的，那么认识便与假定具稳定性的实在有同一关系，正是这种同一性说明了经验认识的可能性。'功能'也才成了经验世界中认识真伪的标准"[1]。

诚然，因明唐疏在玄奘的影响下，偏重"立""破"之法，但这并不意味着以因明唐疏为主的汉传因明完全忽视了认识论。"认识论在瑜伽行派或唯识派的著作中一直占有一个很重要的地位……玄奘把有关认识论的阐释，放在《瑜伽》《唯识》的其他著述的移译和解说里，自然也是可以理解的。"[2] 此外，窥基《成唯识论述记》、慧沼《成唯识论了义灯》、智周《成唯识论演秘》等注疏所形成的"唯识唐疏"，则为因明唐疏奠定了认识论基础，因明与唯识在唐疏中相互独立，但又相辅相成、相互交融。

---

[1] 宋立道：《因明的认识论基础》，载刘培育编《因明研究：佛家逻辑》，吉林教育出版社1994年版，第240页。

[2] 王森：《玄奘法师所传之因明》，载《藏传因明》，妙灵主编《真如因明学丛书》，中华书局2007年版，第127页。此处所说的"《瑜伽》《唯识》"是指玄奘所译的《瑜伽师地论》《成唯识论》等瑜伽行派或唯识派著作。

第二节 因明唐疏"八门二益"的内在关系

"能立与能破,及似唯悟他。现量与比量,及似唯自悟。"① "八门"是因明唐疏研究的主要内容,分别是指"能立""似能立""能破""似能破""现量""似现量""比量""似比量","二益"是指"悟他"和"自悟"的两种功能,"八门"之中,前四门作用是"悟他门",后四门作用是"自悟门",合称为"八门二益"(见表1-2)。由于《门论》《入论》探究的核心是"立"与"破",因此,因明唐疏注疏的核心亦是"立""破","立"即论证,"破"即反驳。但"八门二益"作为结构性的体系,需要厘清两重关系:第一,自悟与悟他的关系,即为何要在功能上强调自悟、悟他?两者之间的关系是什么?第二,现量与比量的关系②,即为何要在认知方式上强调只有现量和比量?两者之间的关系是什么?实质上,在这两个问题的基础上,我们还需要进一步阐释现、比二量与立、破之间的关系是什么。

表1-2　　　　　　　　　"八门二益"

二益	八门
	现量
自悟	似现量
	比量
	似比量

---

① [印度]商羯罗主:《因明入正理论》,(唐)玄奘译,CBETA 2024. R1,T32,no. 1630,p. 11a28-29。

② 参见顺真《印度陈那、法称量论因明学比量观探微》,《中山大学学报》(社会科学版)2019年第6期。

续表

二益	八门
悟他	能立
	似能立
	能破
	似能破

一 自悟与悟他

窥基在《大疏》中从比量的功用上阐述了"自"与"他"的关系。在窥基看来，陈那《门论》"如自决定已，悕他决定生"① 这两句偈颂中阐释的其实就是自悟与悟他的关系。窥基认为：

> 此说二比：一自，二他。自比处在弟子之位。此复有二：一相比量。如见火相烟，知下必有火。二言比量。闻师所说比度而知，于此二量自生决定。他比处在师主之位，与弟子等作其比量，悕他解生。②

从适用语境来看，"自比"即"自义比量"（*svārthānumāna*）③，"他比"即"他义比量"④（*parārthānymāna*）。自义比量"处在弟子之位"，分为两种：一种是"相比量"，"相比量者，谓随所有相状

---

① ［印度］陈那：《因明正理门论本》，（唐）玄奘译，CBETA 2024. R1，T32，no. 1628，p. 3a7。
② （唐）窥基：《因明入正理论疏》，CBETA 2024. R1，T44，no. 1840，p. 113c2–6。
③ "自义比量"，又称为"为自比量"，是指目的在于自我获取知识（自悟）而进行的推理。（参见姚南强主编《因明辞典》，上海辞书出版社2008年版，第41—42页。）
④ "他义比量"，又称为"为他比量"，是指目的在于悟他而作的论证（能立）。（参见姚南强主编《因明辞典》，上海辞书出版社2008年版，第42页。）

相属，或由现在，或先所见，推度境界"①，相比量是通过看到事物的外在形态及相互关联，或者依据当下所见以及先前经历过的情形来推测而获得认知，比如说看到烟能够推知有火；另一种是"言比量"，是指由老师讲授，通过推理而获得认识。也就是说，相比量是基于以往的经验和对事物之间普遍联系的认识，通过观察到的某个事物（如烟），来推断出与之相关的另一个事物（如火），是通过观察忆念外境而得"所缘缘"，是自悟而得之智。而言比量则强调通过聆听老师的教导、讲解，依据推理从而获得确定的知识，是借助他者的言生因而生起的智了因，亦是自悟所得之智。他义比量则是"处在师主之位"，通过比量传道授业解惑，从而实现悟他。

自悟和悟他之间的关系是什么？对这一问题的理解涉及因明唐疏论证理论的架构，因此，必须要结合这样两个问题来分析：第一，无论"悟"的对象是自我还是他者，为什么因明要强调"悟"？第二，为什么因明唐疏论证理论不按照"自悟—悟他"而是要按照"立—破"来建构的？

"二益"中自悟、悟他，重点在于"悟"，为什么"悟"在因明中如此重要呢？这就要从能悟的方式和所悟的对象来看。一方面，能悟的方式是"八门"，从目的上说，《门论》《入论》都强调开示"未了义"②。所谓"未了义"，《大疏》对此解释为：

"未了义"者，立论者宗，其敌论者一由无知、二为疑惑、

---

① ［印度］弥勒：《瑜伽师地论》，（唐）玄奘译，CBETA 2024.R1, T30, no. 1579, p. 358a4-5。

② 《门论》："'宗等多言说能立'者，由宗、因、喻多言辩说，他未了义。"（［印度］陈那：《因明正理门论本》，（唐）玄奘译，CBETA 2024.R1, T32, no. 1628, p. 1a10-11。）《入论》："此中'宗等多言名为能立'，由宗、因、喻多言，开示诸有问者，未了义故。"（［印度］商羯罗主：《因明入正理论》，（唐）玄奘译，CBETA 2024.R1, T32, no. 1630, p. 11b1-3。）

三各宗学，未了立者立何义旨而有所问，故以宗等如是多言成立宗义，除彼无知、犹预、僻执，令了立者所立义宗。①

简言之，"未了义"就是敌论者没有理解（"了"）立论者的主张（"所立宗义"），因为敌论者"无知""疑惑""偏执"而不能理解（"了"）立论者的主张（"所立宗义"），所以，立论者需要用"八门"提供的有效方式使敌论者理解（"了"）立论者的主张（"所立宗义"）。这一过程即为"悟"，"悟"是"八门"的目的，也是衡量"能立、能破义中真实"的最终标准。本质上体现着因明唐疏"万法唯识""识外无境"的认识基础，"坚持了大乘佛教的较彻底的空观，只是在论证事物性空时比较借重于识的观念，将唯识说作为一种论证性空真理的工具"②。另一方面，所悟的对象是作为主体的自我和他者。虽说"八门"之中的论述顺序是由悟他而到自悟，但在实际"悟"的过程中，必须是先自悟而后方能悟他。这是因为：

为欲令他于未解处得生新解，是故立者必是先时内心自悟……立宗之前，智生、义了，既不假言，是故无有言生、言了，是为自悟。言"悟他"者，既依前门自悟比量，从此发言，为他申说，故就说中亦名比量。然为别显，悟他门故。③

立论者想要敌论者于"未了义"了悟"新解"，就必然要先自悟。但自悟并不需要借助"言"，而只需要用自己的"智"来理解（生、了）认知对象的"义"。当立论者要开悟敌论者时，就要在已

---

① （唐）窥基：《因明入正理论疏》，CBETA 2024. R1，T44，no.1840，p.97b 11－15。

② 姚卫群：《印度婆罗门教哲学与佛教哲学比较研究》，中国大百科全书出版社 2014 年版，第 117 页。

③ ［日］善珠：《因明论疏明灯抄》，东京：佛书刊行会 1914 年版，第 38 页。

第一章　因明唐疏论证理论来源　51

经自悟的基础上，借助"言"来表达自己的主张（宗）和证成该主张的理由（因、喻），即立论者由"言"显"义"，使敌论者得"智"。由此，"义中真实"则能"量定真似，议详立破"①。其中，"义"为分析和评价论证（立）与反驳（破）的标准，"真实"则是判定主体认识是否为"量"的根据。综上，"八门"之中，以"言"为主的"能立与能破，及似唯悟他"，旨在"立正破邪"以悟他；以"智"为主的"现量与比量，及似唯自悟"，旨在产生正确认识（"量"）以自悟。"悟"的对象不一样，采用的方式自然也不一样，"悟"便是划分"八门"的关键。在"八门二益"为架构之下，因明唐疏跟随玄奘译介的《门论》《入论》，重点探讨了能够开悟他者的"言"，即"立"与"破"，这与藏传因明是不同的。正如汤铭钧所总结的那样：

> 在"二量"的框架中，唯有推论被视为人类理性认识的直接体现，而论证只是人类理性认识在言语层面的承载者。在"二益八门"的框架中，唯有论证被视为一场有效辩论的首要因素，而推论只是它的辅助。前者是从知识论的视角立论，后者是从辩论术的视角立论。两者事实上并不矛盾。但由于视角不同，便使得双方对于一系列问题的思考方式，乃至整个理论体系的建构，呈现出截然不同的面貌。②

从这个意义上看，因明唐疏作为汉传因明的重要理论成果，以"言"为重，以"悟他"为目的，其注疏的目的是在论辩中以"言"助"悟"启"智"。这也从根本上，揭示了因明唐疏论证理论确立了以论证实效性为分析与评价论证的标准。而论证的实效性——以

---

① （唐）窥基：《因明入正理论疏》，CBETA 2024. R1，T44，no. 1840，p. 92c10。
② 汤铭钧：《玄奘因明思想论考》，中西书局2024年版，第17页。汤铭钧指出"在'二量'的框架中，唯有为自比量被视为真正意义上的比量（推论）"（第12—13页），因此，引文中的"推论"在此指的是比量。

"言"助"悟"启"智",在认识论表现为"即智为果"、识分一体。

二 以立破为核心

"八门二益"中探讨"立"(论证)的部分包括"能立""似能立""现量""似现量""比量""似比量";探讨"破"的部分包括"能破"和"似能破"。那为什么因明唐疏依"八门二益"为总纲,却不按照"自悟—悟他"的次第来谋篇布局呢?最直接的原因是,《门论》《入论》的次第是先"立"后"破",因明唐疏依此而注疏,自然也是先"立"后"破"。具体来看,回溯玄奘西行求学到学成归来,他有选择地译介"大小二论"的初衷是基于"从辩论术的视角立论",关注论证实效性以及论辩活动,旨在教授门人论证与反驳的方法,并使之应用于佛学研究中。也就是说,玄奘更注重的是因明的工具性,即如何建构一个正确的主张,保证论证的正确性,以及如何进行有效的反驳和辩护。因明唐疏完全继承和保留了玄奘的这一意图。在反驳和辩护中,一方面,可以通过直接判定立论者提出的论证是否正确来反驳和辩护;另一方面,也可以针对立论者的主张重新提出论证,用正确的理由证成与立论者主张相反的观点,间接进行反驳与辩护。而在建构论证方面,一般认为,需要具备可靠的论证形式和真实的论据。《大疏》总结为"真立"和"立具",即:

> 立义之法,一者真立,正成义故。二者立具,立所依故。真因喻等,名为真立。现比二量,名为立具。[①]

"真立"即可靠的论证形式,是用真因和真喻作为正确的理由才

[①] (唐)窥基:《因明入正理论疏》,CBETA 2024.R1, T44, no.1840, p.96b11-14。

能证成主张（宗），"立具"即真实的论据，是主体依据现量和比量而产生的正确认识。由于"刊定法体，要须二量，现量得境亲明，比量义度义无缪"①，即"真立"需要有"立具"的支持，因此在探讨"破"之前，不仅探讨了"能立"和"似能立"——包括论式、论证规则、谬误等，还探讨了作为"立具"的"现量""似现量""比量"和"似比量"。善珠认为窥基的这一解释是基于直接证成与间接证成的关系，即"亲能立"与"疏能立"——"能立真似名亲，立具真似明疏"②。而陈那自己则采用"近因"和"远因"来解释——"是近及远比度因故，具名比量，此依作具、作者而说"③，窥基对此作了一个生动的比喻：

> 如似伐树，斧等为作具，人为作者。彼树得倒，人为近因，斧为远因……此现、比量为作具，忆因之念为作者。④

一个论证得以证成，就好比人用斧头把树砍倒，人是作者，斧头是作具，正如，论证中的"近因"是作者，"远因"是作具。在论证中，"知'所作'智，知'现烟'智，并名远因。忆念因智，名为近因"⑤，即"远因"是"于所比审观察智"，由现量和比量而生，"近因"是"忆因之念"，即主体通过因三相来提出或判定论证。善珠进一步解释道：

---

① （唐）窥基：《因明入正理论疏》，CBETA 2024. R1，T44，no. 1840，p. 96b6 - 7。
② ［日］善珠：《因明论疏明灯抄》，东京：佛书刊行会1914年版，第68页。
③ ［印度］陈那：《因明正理门论本》，（唐）玄奘译，CBETA 2024. R1，T32，no. 1628，p. 3c7 - 8。
④ （唐）窥基：《因明入正理论疏》，CBETA 2024. R1，T44，no. 1840，p. 140a23 - 27。日僧善珠解释为："念三相智，即是近因，现比二量，即是远因。由'此近远比度因故'，解：宗之智方成比度。由二缘故，俱名比度。"（［日］善珠：《因明论疏明灯抄》，东京：佛书刊行会1914年版，第430页。）
⑤ ［日］藏俊：《因明大疏抄》，《大正藏》第68册，No. 2271，第763页。

> 自悟比量，依近、远因，方成比量。悟他比量，亦不离此近、远二因，方成比量。若离彼因，不得成于悟他能立，明此二量。"亲疏合说"等者，"亲"者自悟，"疏"者悟他。"亲疏合说"，亦有悟他及能立义。①

现量和比量作为"立具"是"远因"，能够直接自悟，也能间接地悟他。而在论辩中，立论者先自悟，方能悟他，如此，现量和比量便兼具悟他功能和论证中的证成意义。现量和比量作为"立具"便成为"能立"及"似能立"中不可或缺的一部分。因此，因明唐疏虽以先"立"后"破"谋篇布局，但仍旧包含着"二益"中自悟和悟他的架构。那为什么现量和比量属于"自悟门"，而不是"悟他门"呢？这是因为，一方面，"悟他门"的重点在于"言"，探讨论证的直接证成作用，而现量和比量的重点在于"量"（知识），是"言"的"立具""疏能立""远因（疏因）"，是间接证成，仅具有间接悟他功能，而其主要功能依旧在于自悟，因此属于"自悟门"；另一方面，"自悟门"中现量和比量论述的重点在于认知主体应该以何种方式来认识和解释世界，即能量何以认识所量，涉及主体认识，属于知识论（量论）范畴。这与旨在立正破邪的辩论术并不相同，因此，现量和比量属于"自悟门"而不是"悟他门"。总之，在"八门二益"的总框架下，因明唐疏的架构是"立—破"。若从"二益"的角度看，因明唐疏的架构是"悟他—自悟—悟他"。因此，因明唐疏继承"大小二论"，"为欲简持能立、能破义中真实"②，其本身就是关于论证和反驳的理论体系。

综上所述，因明唐疏论证理论是指因明唐疏中关于论证（立）

---

① ［日］善珠：《因明论疏明灯抄》，东京：佛书刊行会1914年版，第430页。
② ［印度］陈那：《因明正理门论本》，（唐）玄奘译，CBETA 2024. R1, T32, no. 1628, p. 1a7。

与反驳（破）的理论，即立破之说。"量定真似，议详立破"①，因明唐疏是从知识论（量论）上讨论判定真似的标准，在具体的论辩中制定详细的立破规则。从认知方式（能量）来看，论证理论是属于比量范畴的理论体系。现量的认知对象是自相，比量的认知对象是共相，现量和比量是两种认知方式。因明唐疏秉承陈那新因明早期思想，以立破之说为重，实质上是在共相层面探讨比量，研究"能立""似能立""能破"和"似能破"（见表1-3），即阐述如何用义来联系世间各种事物。而比量又以现量为基础，因此在阐述论证理论之时，又必须要回到现量和自相层面，来解释比量和共相的问题，这是因为"是诸识转变，分别所分别，由此彼皆无，故一切唯识"②。

表1-3 二量与二相

认知方式		认知对象
现量		自相
比量	能立	共相
	能破	
	似能立	
	似能破	

第三节　当前论证理论与因明唐疏论证理论研究的契合点

就论证理论研究本身而言，它是多视角、多维度、多学科交叉

---

① （唐）窥基：《因明入正理论疏》，CBETA 2024. R1，T44，no. 1840，p. 92c10。
② ［印度］世亲：《唯识三十论颂》，CBETA 2024. R1，T31，no. 1586，p. 61a2 - 3。

的综合性研究。从古典历史背景来看，其源头可以追溯到古希腊时期的逻辑学、论辩学和修辞学。亚里士多德（Aristotle）作为古希腊时期百科全书式的学者，他的论证研究便涉及这三个学科。从逻辑学来看，亚里士多德在《工具论》的《解释篇》和《前分析篇》中，用三段论表达论证，并采用标准形式化的方法分析三段论。从论辩学来看，亚里士多德在《工具论》的《辩谬篇》和《论题篇》中，讨论了具体的辩论中的论证以及辩论中出现的谬误。从修辞学来看，亚里士多德的《修辞学》探讨了如何构建论证来说服他人。熊明辉总结道，当前论证理论研究的三条进路是逻辑进路、论辩进路和修辞进路，论证研究的两个维度是规范维度和描述维度。[1] 范爱默伦（Frans H. van Eemeren）等认为论证理论发展到今天呈现出多种理论视角和方法并存的趋势，因此"最好将论证理论视作一门独立的跨学科研究，它兼顾逻辑、修辞、论辩三个方面，由哲学、逻辑学、语言学、话语分析、交际学、修辞学、心理学、法学等研究者和可能为此领域贡献智慧的相关学者们共同推进"[2]。

　　侧重规范维度的逻辑进路随着形式逻辑的发展而成为论证研究的主流，直到20世纪50年代图尔敏（Stephen Toulmin）的《论证的运用》（The Use of Argument）和佩雷尔曼（Chaim Perelman）、奥尔布莱切斯－泰提卡（Lucie Olbrechts-Tyteca）的《新修辞学》（The New Rhetoric. A Treatise on Argumentation）问世，侧重描述维度的论辩

---

[1] "论证理论研究有三条古典进路，即逻辑进路、论辩进路、修辞进路。论证研究有两个维度——规范维度、描述维度。规范研究是基于理论视角的，其关注的是求真和保真，如形式逻辑，其目标是考虑优质论证应当是什么。而描述研究是基于实践视角的，其关注的对象是论证的交流与互动，即论证的动态交互方面，如语用学，其目标是探讨优质论证实际上是什么。在三条进路中，逻辑进路侧重规范维度，论辩进路和修辞进路侧重描述维度。"（参见熊明辉《论证理论研究：过去、现在与未来》，《南国学术》2016年第2期。）

[2] ［荷］范爱默伦等：《论证理论手册》，熊明辉等译，中国社会科学出版社2020年版，第29页。

和修辞进路才开始与其分庭抗礼。1958年，图尔敏在《论证的运用》一书中区分了实质性论证与分析性论证，并认为逻辑进路并不能够充分地分析实质论证，由于过分地重视形式而忽视了论证要素之间的实质关系，因此对于实质性论证要予以不同的方法，由此提出了"图尔敏模型"。同年，佩雷尔曼和奥尔布莱切斯-泰提卡在《新修辞学》一书中指出，以形式逻辑为基础的论证难以处理价值判断，正如用形式逻辑的方法来研究正义，无法给正义作出标准的定义，因为正义最终都要诉诸价值判断，由此他们以"听众"为主导，提出了论证的合理性在于能否有效地说服听众。毫无疑问，《论证的运用》和《新修辞学》的问世复兴了论辩和修辞进路的论证理论研究。比如，弗里曼（James B. Freeman）整合并扩展了图尔敏模型与托马斯的论证图解标准方案，给出了论证的宏观结构方案；希区柯克（David Hitchcock）将图尔敏模型用于分析和评价论证；廷戴尔（Tindale C. W.）在新修辞学的基础上进一步发展，认为论证不仅需要考虑到听众，还要考虑到语境。

出于形式逻辑无法满足人们在日常生活中分析和评价自然语言中的论证要求，"20世纪70年代末80年代初，在欧洲和北美出现了一股非形式逻辑和批判性思维的浪潮"[①]。关于分析和评价论证的标准，最为著名的是由约翰逊（Ralph Johnson）和布莱尔（Anthony Blair）提出的三个标准，他们认为一个好的论证必须要同时满足相关性、充分性和可接受性三个标准，一旦违反了这三个标准中的任何一个，都将出现谬误。大多数学者采纳了他们的观点。语用论辩论证理论（又称为语用论辩术）是自20世纪70年代起，由范爱默伦（Frans van Eemeren）和荷罗顿道斯特（Rob Grootendorst）创立，是将"从言语行为理论得到的语用洞见所激发的交流视角，和批判理性主义和形式论辩进路而来的论辩洞见所激发

---

① 杨武金：《论非形式逻辑及其基本特征》，《贵州大学学报》（社会科学版）2007年第4期。

的批判性视角"① 相结合,换言之,语用论辩论证理论结合了论辩学的规范性与语用学的描述性两个维度,并通过诉诸"策略操控"②来实现具有实效性的修辞目标和具有合理性的论辩目标。

此外,我国也产生了论证理论研究的本土成果——广义论证理论。"广义论证"由鞠实儿提出,是指"社会文化群体中依据社会规范开展的基于语篇的具有说理功能的社会互动;其外延覆盖包括形式论证在内的不同文化的论证方式"③。在广义论证理论框架下,近年来鞠实儿研究团队对中国古代逻辑④、藏传辩经⑤、少数民族说理活动⑥等方面开展了深入研究。

无论是图尔敏论证模型、新修辞学、非形式逻辑、语用论辩术还是广义论证理论等,当前论证理论研究大致包括识别论证、论证结构和论证规则(分析与评价论证的标准)等内容。因明唐疏论证理论是在比量范畴下探讨"悟他门",以"能立""似能立""能破""似能破"为研究对象。大致上看,首先,因明唐疏具体解释了如何提出自己的主张(立宗)、如何为证成该主张提出正确的理由(辨因)、如何为该理由提供好的支撑(引喻)等问题。对这些问题的回答,能够解释因明唐疏以三支论式进行论证的理由。其次,因

---

① [荷]范爱默伦等:《论证理论手册》,熊明辉等译,中国社会科学出版社 2020 年版,第 625 页。

② "策略操控"主要用于解释论证话语中的下述事实:在论证者做出的每个论证话步中,他们都在将其所试图得到的(修辞)实效性,与其所努力保持的(论辩)合理性相结合。(参见[荷]范爱默伦等《论证理论手册》,熊明辉等译,中国社会科学出版社 2020 年版,第 626 页。)

③ 鞠实儿:《广义论证的理论与方法》,《逻辑学研究》2020 年第 1 期。

④ 参见王克喜、黄海《广义论证视域下的中国逻辑思想研究》,中央编译局出版社 2019 年版;何杨、鞠实儿《逻辑观与中国古代逻辑史研究的史料基础》,《哲学动态》2019 年第 12 期。

⑤ 鞠实儿、曾欢:《基于广义论证理论的藏传寺院辩经研究》,《社会科学战线》2021 年第 4 期。

⑥ 吴小花、麦劲恒、鞠实儿:《贵州丹寨"八寨苗"祭祀中的说理研究——以"请神"环节为例》,《逻辑学研究》2020 年第 1 期。

明唐疏认为，在论辩中，三支论式是立论者言说的形式，也是敌论者认识的对象，因此，论辩中的三支论式是动态的交际过程。依据立论者和敌论者的言、义、智，因明唐疏总结出六因论证机制，这是因明唐疏论证理论最为独特的内容。最后，因明唐疏认为，在六因论证机制下，保证立论者所表达的论证的意义与敌论者所理解的论证的意义一致，是判定论证真似的关键。而对这一问题的回答，实质上，就是要阐明因明唐疏的论证规则。除此之外，因明唐疏还讨论了谬误、反驳等内容与当前论证理论研究的内容不谋而合。

第 二 章

因明唐疏论证理论研究对象

论证与反驳是论证理论的研究对象,因明唐疏论证理论是关于因明唐疏中论证与反驳的理论体系。其研究对象是"立"与"破",即"能立""似能立""能破"与"似能破"。因明唐疏在"有相唯识"的背景下,继承了陈那新因明早期思想,是唐代奘门弟子对《门论》和《入论》的注疏。《门论》是陈那新因明早期思想的代表作。《入论》是陈那的弟子商羯罗主所作,是对《门论》内容的概述,也被认为是学习陈那《门论》的入门阶梯①。窥基在《大疏》中认为,"'正理'者,诸法本真之体义。'门'者,权衡照解之所由"②,《门论》所论述的内容,是能够用以了悟世间"真实"的事物及其属性的方法。而商羯罗主的《入论》则认为"启以八门,通以两益"③,将《门论》的内容高度概括为"八门二益",并据"八门二益"构建了了悟世间"真实"事物及其属性的方法。由此,因明唐疏继承了《门论》和《入论》,以"八门二益"为纲,旨在

---

① 参见姚南强主编《因明辞典》,上海辞书出版社2008年版,第87页。
② [印度]陈那:《因明正理门论本》,(唐)玄奘译,CBETA 2024. R1, T44, no. 1840, p. 91c25–26。
③ (唐)窥基:《因明入正理论疏》,CBETA 2024. R1, T44, no. 1840, p. 91 c29。

"立破正邪"①,这也表明玄奘及其弟子以因明的工具性为重,重视因明在论辩中的应用。

第一节 "立"——论证

"立"即论证,论证之所以能够成立在于两点:第一,能够正确地证成其结论;第二,具有可靠的立论依据。前者关注论式是否有效,后者关注论据是否具有可靠的知识来源。"八门二益"中,直接阐述"立"的部分是"能立"和"似能立",间接阐述"立"的部分是"现量""似现量""比量""似比量",在此之中,尤以"能立"和"似能立"为重。由于"玄奘所译介的还是陈那早期的因明之学。象《因明正理门论》一书,即以'立'(证明)'破'(反驳)为主题而来著作,所以论文一开始便说明要区别出关于立破的正确道理。后文也谈到一般知识的'现量'(感觉的知识)、'比量'(推理所得的知识),只看成立破的准备条件。"② 作为立论依据,"现量"和"比量"为立论提供了可靠的知识来源,但在《门论》《入论》乃至因明唐疏中阐述的篇幅并不多,一方面,可能是由于陈那新因明早期思想尚未形成系统的知识论体系,另一方面,或许是"在玄奘心目中,可能认为因明更重要的是研究证明(能立)和驳斥(能破)"③,因此,因明唐疏论证理论在探讨何以"立"时,着重考虑了论证要素(宗、因、喻)、论式(三支论式)、论证规则(共许极成、因三相)和谬误(三十三过)等。

---

① (唐)窥基:《因明入正理论疏》,CBETA 2024. R1,T44,no. 1840,p. 96a3 - 4。

② 吕澂:《因明学说在中国的最初发展》,载刘培育、周云之、董志铁编《因明论文集》,甘肃人民出版社1982年版,第233页。

③ 虞愚:《玄奘对因明的贡献》,载刘培育、周云之、董志铁编《因明论文集》,甘肃人民出版社1982年版,第289页。

一 能立

因喻具正，宗义圆成，显以悟他，故名能立（陈那能立，唯取因喻，古兼宗等。因喻有二义：一者，具而无阙，离七等故；二者，正而无邪，离十四等故。宗亦二义：一者，支圆，能依所依皆满足故。二者，成就，能依所依俱无过故。由此论显真而无妄，义亦兼彰具而无阙，发此诚言，生他正解，宗由言显，故名能立。由此似立，决定相违，虽无阙过，非正能立，不能令他正智生故也）。①

"能立"（sādhana）即"真能立"，是正确的论证，因明唐疏在"大小二论"的基础上，认为"因喻具正，宗义圆成，显以悟他，故名能立"，"因"即理由，"喻"为例证，"宗"是所要成立的观点，即主张，在新因明中，由宗、因、喻构成的论证即为三支论式。能立作为正确的论证，必须要满足两个条件：第一，"因喻具正，宗义圆成"，从论证的完整性来看，三支论式作为语言表达形式，既要显示出能立（因和喻），也要显示出所立（宗），即宗、因、喻三支俱全；从论证的可靠性来看，因支和喻支必须正确无误，满足论证规则，能够证成宗支上的主张。第二，"显以悟他"，从论证的效果来看，立论者的三支论式必须能使敌论者理解宗所要表达的思想，产生正确的认识。如立论者立论式 2.1②，三支论式的因支和喻支正确无误，敌论者通过论式表达的关系——只要是水果便是食物，且苹果是水果，从而认识到苹果是食物。

---

① （唐）窥基：《因明入正理论疏》，CBETA 2024. R1，T44，no. 1840，p. 93a28 – b2。

② 为了清晰地显示三支论式中各要素之间的关系，本章所举论式皆以我们生活中常见的事物为例。

> 论式 2.1
> 宗：苹果是食物。
> 因：以是水果故。
> 喻：若是水果皆是食物，如橘子等（同喻）。
> 　　若非食物皆非水果，如桌子等（异喻）。

传统逻辑认为构成论证的基本要素有论点（结论）、论据（前提）和论证方式（推理关系），当前论证理论研究者认为这三个基本要素又可以称为主张、理由和支持。所谓主张，是指立论者所要建立的观点。所谓理由，是指立论者为证成其主张的根据。所谓支持，是指主张和理由之间的联系方式，表明理由以何种方式来支持主张。这三个基本要素构成了一个最简单的论证。那么，在因明中，能立作为论证包括哪些要素呢？

对此，古因明师与陈那的看法是不同的，窥基在《大疏》中作了翔实的阐述（见表2-1）。在陈那之前的古因明师有两种看法：第一种是在《瑜伽师地论》《显扬圣教论》和《对法论》中，认为能立作为论证有八个要素。《瑜伽师地论》和《显扬圣教论》认为这八个要素分别是"一、立宗，二、辨因，三、引喻，四、同类，

表2-1　　　　　　　　　能立的要素

来源	能立的要素
《瑜伽师地论》卷十五 《显扬圣教论》卷十一	立宗、辨因、引喻、同类、异类、现量、比量、正教量
《对法论》	立宗、立因、立喻、合、结、现量、比量、圣教量
古因明师	宗、因、同喻、异喻
世亲《论轨》等	宗、因、喻
陈那《门论》	因、喻（同喻、异喻）

五、异类，六、现量，七、比量，八、正教（量）"①，《对法论》稍有不同，认为"一、立宗，二、立因，三、立喻，四、合，五、结，六、现量，七、比量，八、圣教（量）"②，这是因为《对法论》认为"喻"已经包括了"同类"和"异类"，因此不必另说，"合"与"结"作为五支论式③的组成部分，其作用是"令所立义，重得增明"④，能够再次强调所立宗义得以证成。在这八个要素之中，无论是《瑜伽师地论》《显扬圣教论》还是《对法论》，前五个要素是论式的组成部分，后三个要素"现量""比量""正教量（又称为圣教量、至教量、声量）"则作为立论的依据，具有间接开悟他者的作用。第二种看法则认为，能立的要素只有涉及论式的组成部分，不包括立论依据，因为能立作为论证，其作用是直接开悟他者，而能够直接开悟他者的是"宗""因""喻"（"喻"又可以分为"同喻"和"异喻"）。陈那继承了第二种看法，认为作为立论依据的知识论是间接开悟他者，并不属于能立的要素，但与此不同的是，陈那进一步认为"因、喻为能立，宗为所立"⑤，能立作为论证，是要证得宗（主张），因（理由）和喻（例证）是论证，能够产生论证效力，具有实效性。宗（主张）只是所要成立的观点，并不产生论证效力，

---

① （唐）窥基：《因明入正理论疏》，CBETA 2024. R1，T44，no. 1840，p. 93c 15 – 16。

② （唐）窥基：《因明入正理论疏》，CBETA 2024. R1，T44，no. 1840，p. 93c 16 – 18。

③ "五支论式"：与陈那新因明不同，古因明论师以五支论式作为论证形式，包括宗、因、喻、合、结。其形式如下：

宗：此山有火。

因：以有烟故。

喻：如灶，于灶见是有烟与有火。

合：此山亦如此。

结：此山有火。

（参见姚南强主编《因明辞典》，上海辞书出版社2008年版，第23页。）

④ （唐）窥基：《因明入正理论疏》，CBETA 2024. R1，T44，no. 1840，p. 93c 25 – 26。

⑤ （唐）窥基：《因明入正理论疏》，CBETA 2024. R1，T44，no. 1840，p. 94a14。

即不具有实效性,因此,论证的要素只有因和喻,不包括宗。在陈那看来,谈及能立并不是要涉及论证的所有因素,也不是仅指论证语言表达的组成部分,而是在论证过程中,真正具有证成作用,能够使他者开悟的要素。换句话说,宗是所要成立的主张,是所立,因和喻才是能立,是论证中具有论证效力或者论证力量的要素,能够实现论证的实效性。那这是不是意味着陈那完全否定了古因明师关于能立的看法呢?显然,从《门论》的具体内容来看,陈那在阐述能立时,并没有将"宗"排除在外,他不仅具体阐述了如何立宗,还阐述了违背立宗规则而产生的错误,即"似宗",也就是说,陈那是"所望义殊,不相违也"①。虽然他提出了不同的看法,但只是从不同的角度作了诠释,与古因明师的说法并不矛盾——古因明师从论证的语言表达上诠释能立,认为能立的要素包含论证语言表达形式的所有要素,即包括宗、因、喻;陈那则是从论证的效果上诠释能立,认为能立的要素只包含具有实效性的因和喻,但是在论证的语言表达形式上,宗也属于论证的要素。事实上,这也是窥基试图在《大疏》中调和古因明师和陈那在论证要素上的分歧。

值得注意的是,陈那认为一个完整的论证表达形式是由宗、因、喻共同构成的,但是在宗、因、喻三支论式中,宗作为主张是所立,因、喻作为理由和例证是能立,强调因和喻是能立,旨在强调产生论证效力或论证力量,具有实效性的是因和喻。自古因明师到陈那,能立的要素被逐渐明确为产生论证效力,具有实效性的因素。放在实际的论辩中,能立作为立论的方法或手段,如何产生论证的效力,显示其实效性呢?最直接的表现就是立论者提出的论证能够被敌论者认同,也就是说,能够说服对方,消解意见分歧,而这也正是判断能立真似的根本标准,换言之,因明判定论证的根本标准在于是否能够使他者开悟,即悟他。"不同

---

① (唐)窥基:《因明入正理论疏》,CBETA 2024. R1,T44,no. 1840,p. 94b 11 – 12。

论证要素的主题化，正是表现了关于论证可靠性的不同观念，从而导向不同的论证理论"①，与古因明师不同，陈那认为"因有三相，一因二喻"②，"因三相"是论证规则，"因三相"规定了因和喻的实质内容，在论证中真正能够产生论证效力或论证力量，具有实效性。陈那从关注论证的语言表达形式深入关注论证的实质内容，并最终依据实效性提出论证的目的是开悟他者。由此可知，在新因明中，"能立"存在两种释义，一种是作为论证的语言表达形式——三支论式；另一种是具有实效性的因和喻，及其背后具有规范和评估作用的论证规则——"因三相"。

二 似能立

三支互阙，多言有过，虚功自陷，故名似立（此有二义：一者，阙支，宗因喻三，随应阙减；二者，有过，设立具足，诸过随生，伪立妄陈，邪宗谬显，兴言自陷，故名似立）。③

"似能立"（sādhanābhāsam）即错误的论证。因明唐疏认为"三支互阙，多言有过，虚功自陷，故名似立"。似能立有两种情况：第一，"三支互阙"，从论证的完整性来看，三支论式不完整，存在"阙支"的情况，如立论者立论式2.2这就缺少了因支"以是水果故"。第二，"多言有过"，虽说三支俱全，但是论式存在错误。这两种情况都会导致"虚功自陷"，不能使对方产生正确的认识，无法达到"悟他"的论证效果，不能实现论证的实效性。如立论者立论式2.3。虽然该论式三支俱全，但是该论式并不能正确地证成"苹果是水果"这一论题。因为该论式同喻和异喻中的关系不成立，菠

---

① 汤铭钧：《汉传因明的"能立"概念》，《宗教学研究》2016年第4期。
② （唐）窥基：《因明入正理论疏》，CBETA 2024. R1, T44, no. 1840, p. 94a20。
③ （唐）窥基：《因明入正理论疏》，CBETA 2024. R1, T44, no. 1840, p. 93b5 - 7。

菜是食物但不是水果，水果和食物之间的外延关系是水果真包含于食物，同喻和异喻颠倒了水果与食物之间的关系，因此，该论证是错误的，这一错误在因明中被称为"共不定"。

> 论式 2.2
> 宗：苹果是食物。
> 喻：若是水果皆是食物，如橘子等（同喻）。
> 　　若非食物皆非水果，如桌子等（异喻）。

> 论式 2.3
> 宗：苹果是水果。
> 因：以是食物故。
> 喻：若是食物皆是水果，如橘子等（同喻）。
> 　　若非水果皆非食物，如桌子等（异喻）。

似能立作为错误的论证，也被称为谬误，从似能立的定义来看，错误的论证被大致分为两类，但在实际应用中，由于"阙支"的错误显而易见，因此鲜少被讨论，得到人们较多关注的是"有过"的情况。陈那在《门论》中，提及了五种立宗的错误、十四种辨因的错误和十种引喻的错误，一共二十九种。商羯罗主的《入论》在陈那的基础上，增加了四种立宗的错误，形成了后世常说的"三十三过"[①]。因明唐疏在《入论》基础上作了进一步衍生。

---

① "三十三过"：宗九过、因十四过、喻十过，合计三十三过。宗九过是指现量相违、比量相违、世间相违、自教相违、自语相违、能别不极成、所别不极成、俱不极成、相符极成，其中后四个是商羯罗主《入论》在《门论》基础上增加的四个。因十四过是指四不成（两俱不成、随一不成、犹豫不成、所依不成）、六不定（共不定、不共不定、同品一分转异品遍转、异品一分转同品遍转、俱品一分转、相违决定）、四相违（法自相相违、法差别相违、有法自相相违、有法差别相违）。喻十过是指能立法不成、所立法不成、俱不成、无合、倒合、所立不遣、能立不遣、俱不遣、不离、倒离。

第二节 "破"——反驳

"破"即反驳，在实际论辩中，反驳是间接的论证，反驳的对象是立论。"八门二益"中，阐述"破"的部分是"能破"和"似能破"。作为间接论证，反驳在因明唐疏中所占篇幅不多，但是，陈那的《门论》近乎一半的篇幅都在阐述"似能破"。而从《入论》到因明唐疏的文本内容来看，"似能破"的相关内容被认为与"似能立"大致相符，因此，简化了"似能破"。

一 能破

敌申过量，善斥其非，或妙征宗，故名能破（此有二义：一、显他过，他立不成。二、立量非他，他宗不立。诸论唯彰显他过破，理亦兼有立量征诘。发言申义，证敌俱明，败彼由言，故名能破也）。[①]

"能破"（dūṣaṇa）即"真能破"，是正确的反驳。因明唐疏认为"敌申过量，善斥其非，或妙征宗，故名能破"。能破的前提是"敌申过量"，反驳是针对敌论者的论证提出的，而正确反驳的前提必然是敌论者提出的论证出现了错误，即似能立是真能破的必要条件。"善斥其非"和"或妙征宗"是正确反驳的两种方式。第一种，"善斥其非"，是说反驳者能够直接准确地指出对方的错误之处，因明称之为"出过破"或"显过破"。如立论者立上述论式2.3，反驳者准确地指出该论式存在"共不定"的过失。第二种，"或妙征

---

① （唐）窥基：《因明入正理论疏》，CBETA 2024.R1, T44, no. 1840, p. 93b3-5。

宗"，是说反驳者根据对方的论题，重新提出论证，证成与对方观点相反的论题，间接指出立论者观点不成立，因明称之为"立量破"。如立论者立论式 2.4，反驳者立论式 2.5。论式 2.4 和论式 2.5 的宗是针锋相对的，反驳者所立论式 2.5 满足了能立的要求，是正确的论证，因此，可以间接地佐证立论者的观点是错误的。在因明唐疏之前，"显过破"与"立量破"之间并没有明确的区分，因为古因明师认为"立量即显彼之过故"，重新提出论式来证成与之相反的宗，就能够显示出对方论式中的过失。

> 论式 2.4
> 宗：苹果是蔬菜。
> 因：以是食物故。
> 喻：若是食物皆是蔬菜，如菠菜等（同喻）。
> 　　若非蔬菜皆非食物，如桌子等（异喻）。

> 论式 2.5
> 宗：苹果不是蔬菜。
> 因：以是水果故。
> 喻：若是水果皆非蔬菜，如橘子等（同喻）。
> 　　若是蔬菜皆非水果，如菠菜等（异喻）。

二　似能破

敌者量圆，妄生弹诘，所申过起，故名似破（此有二义：一者敌无过量，妄生弹诘，十四过类等；二者自量有过，谓为破他，伪言谓胜，故名似破）。[1]

---

[1] （唐）窥基：《因明入正理论疏》，CBETA 2024. R1，T44，no. 1840，p. 93b8 - 10。

"似能破"（dūṣaṇābhāsam）是错误的反驳，是在辩护中产生的错误，因明唐疏定义为"敌者量圆，妄生弹诘，所申过起，故名似破"。错误的反驳有两种：第一，没有出现反驳的前提，即"敌者量圆，妄生弹诘"，对方所立的论式是正确的，反驳者片面地认为其是错误的。如立论者立论式2.1，反驳者如果采用"出过破"的方式指出该论式存在过失，或者采用"立量破"的方式成立"苹果不是食物"的观点，那么这些都是错误的反驳，因明中称前者为"妄出过破"或"妄显过破"，后者为"妄立量破"。第二，"所申过起"，不管立论者所立论式是否正确，反驳者直接采用"立量破"的方式反驳，但是所立的论式却是错误的。如立论者立论式2.3，反驳者立论式2.6进行反驳。论式2.3本身是错误的，但反驳者并没有找到立论者的错误之处，而是重新构建论式，但所立的论式2.6却也是错误的。且不说"苹果不是水果"的论点是错的，其论证过程中异喻的关系明显是不对的，因为水果真包含于食物，即是水果的都是食物，所以"若是水果皆非食物"不成立，因明称这样的错误为"同品一分转异品遍转"。

> 论式2.6
> 宗：苹果不是水果。
> 因：以是食物故。
> 喻：若是食物皆非水果，如菠菜等（同喻）。
>   若是水果皆非食物，如橘子等（异喻）。

能破的对象是能立，即反驳的对象是论证。根据反驳对象、反驳方式，可以发现，只有当反驳的对象是似能立时，反驳才有可能是正确的（见表2-2）。按照能破成立的条件，似能破的出现可以归于两个原因：一是以正确的论证（能立或真能立）为反驳对象；二是不能准确指出谬误之所以为错的理由。因此，判定能破与似能破，首先，要先判定作为反驳的对象能立，是正确的还是错误的；其次，在确定对方的论证是似能立的前提下，判定提出的反驳是正确的还是错误的，而提出反驳的方式，即能破的方式有两种，一种是直接指出其错误之处的"显过破"，即指出对方论证为似能立"三十三过"中的某一过失；另一种是重新立论式证成与其宗相反的主张"立量破"，即重新组织论式进行论证。从这个意义上看，作为反驳，能破判定的标准本质上是以判定能立的真似为依据。这也就解释了陈那《门论》之后，《入论》及因明唐疏逐渐简化了"能破及似能破"内容，而以阐释"能立与似能立"为重。

表 2－2　　　　　真、似能立与真、似能破的关系

反驳对象	反驳方式	反驳结果	对反驳结果判定
能立（真能立）	显过破	错误	似能破
	立量破	错误	似能破
似能立	显过破	正确	能破（真能破）
		错误	似能破
	立量破	正确	能破（真能破）
		错误	似能破

第三节　因明唐疏对立破关系的诠释

因明唐疏中，立与破究竟是什么关系？为何自《入论》之后，"能破"与"似能破"渐而消逝，尤以"能立"与"似能立"为重？就立破关系而言，窥基发展了两点：第一，以往认为"相违决定"既是能立又是似能立，但在窥基看来，"相违决定"不是能立，而是似能立、似能破。第二，虽然能立、似能立、能破、似能破在因明论辩中所使用的语言表达形式存在差异，但就论辩目的及论证效果来看，能立即能破，似能立即似能破。据此厘清"四义"，诠释《大疏》中的"立""破"关系，最终能够揭示因明唐疏偏重"立"与"破"，且尤以"立"为重的原因。

一 以"四句"探讨立破

窥基在《大疏》中采用"四句"探讨能立、似能立、能破、似能破四者之间的关系。所谓"四句",是指以"是A不是B""是B不是A""是A又是B""不是A也不是B"的形式讨论两个词项之间的关系,表达了类概念之间的外延关系。借用维恩图表达"四句",见表2-3:

表2-3　　　　　　　　　　　四句图示

四句	图示	公式表示
是A不是B		$A \cap \bar{B} \neq \varnothing$
是B不是A		$\bar{A} \cap B \neq \varnothing$
是A又是B		$A \cap B \neq \varnothing$
不是A也不是B		$A \cap B = \varnothing$

注:阴影部分表示不存在;"+"表示存在。

由于"四句"是讨论两个词项之间的关系，因此，能立、似能立、能破、似能破四者两两组合，共计六组——能立与能破、能立与似能立、能立与似能破、能破与似能立、能破与似能破、似能立与似能破六组，《大疏》正是讨论了这六组关系：

> 有是能立而非能破，如真能立建立自宗，有释；无此，能立自宗，即能破敌，必对彼故。有是能破而非能立，如显过破，有释；无此，但破他宗，自便立故。有是能立亦是能破，如真立破他所不成，有释；无此，立谓能申自，破谓就他宗。有非能立亦非能破，谓似立破。有是能立而非似立，谓真能立。有是似立而非能立，除决定相违所余似立。有是能立亦是似立，谓决定相违，有释；无此，此唯似立非能立故，立者虽具言，他智不决故。有非能立亦非似立，谓妄破他所成立义。有是能立而非似破，如无过量。有是似破而非能立，如十四过类等。有是能立亦是似破，如决定相违，有释；无此，此但似破，非真故。有非能立亦非似破，谓显过破，有释；无此，显他过非，自便立故。能破定非似立，亦非似破，真似异故。有是似立而非似破，谓有过量建立自宗，有释；无此，自宗义成即是真破，自既不立，即似破他。有是似破而非似立，谓妄显他非，十四过类，有释；无此，妄谓破他，即妄立故。有似能立亦是似破，如以过量破他不成。有非似立亦非似破，谓真能立，或真能破。①

依文本内容整理见表 2-4：

---

① （唐）窥基：《因明入正理论疏》，CBETA 2024.R1，T44，no. 1840，p. 95b23-c16。

表2-4　　　　　　　　　能立与能破的四句

	"四句"	"有释"（此前有过的释义）	窥基的观点
能立与能破	有是能立而不是能破	真能立中建立自宗	能立即能破
	是能破而不是能立	能破中的显过破	能立即能破
	是能立也是能破	用真能立破斥他宗，即立量破	能立即能破
	不是能立也不是能破	似能立、似能破	—
能立与似能立	是能立而不是似能立	真能立	—
	是似能立而不是能立	除去相违决定之外的其他似能立	—
	是能立也是似能立	决定相违	此句不存在
	不是能立也不是似能立	错误的破斥真能立即十四过类	—
能立与似能破	是能立而不是似能破	真能立	—
	是似能破而不是能立	十四过类	—
	是能立也是似能破	相违决定	相违决定是似能立，此句不存在
	不是能立也不是似能破	显过破	显过破是能立
能破与似能立	是能破一定不是似能立	真、似异故	—
能破与似能破	是能破一定不是似能破	真、似异故	—
似能立与似能破	是似能立而不是似能破	似能立中建立自宗	似能立即似能破
	是似能破而不是似能立	十四过类	似能立即似能破
	是似能立也是似能破	似能立来破斥他宗	—
	不是似能立也不是似能破	真能立、真能破	—

从上表可以看出，前人的注疏认为：（1）"建立自宗"即证成己方主张的论证只能是能立而不是能破；（2）直接指出对方论式错误的"显过破"是能破不是能立；（3）"相违决定"既是能立又是似能立；（4）"十四过类"是似能破不是似能立。但窥基并不这么认为，他在《大疏》中，规范了能立、似能立、能破、似能破之间的关系，"当将一则论式判断为真能立的时候，形式角度的判定仅要求论式三支具足且无误，而功能角度的判定则要求该论式能够达到'悟他'的目的。并且从功能的角度来讲，真能立与真能破互相等

同，似能立与似能破互相等同"①，窥基从"功能"上即是从论证效果上，非常明确地提出，能立即能破，似能立即似能破，真与似本质上是不同的，因此不存在既是能立又是似能立、既是能破又是似能破这两句。窥基对这四个范畴的规范，尤其是关于"相违决定"和"十四过类"的定位，在本质上区分了能立与似能立，阐明了在论证效果上，能立即能破，似能立即似能破，因而明确了判定真似的标准，使因明唐疏分析评价论证有据可依。

（一）"相违决定"是能立还是似能立？

以往的观点认为"相违决定"既是能立又是似能立，但窥基否定了"相违决定"是真能立，认为"相违决定"是似能立，从根本上确定了能立与似能立之间是不相容关系。按照矛盾律来说，是能立的肯定不是似能立，是似能立的肯定不是能立，因为不存在既是正确的又是错误的情况。但是在神泰、文轨等人的注疏中认为能立与似能立之间是交叉关系，因为似能立"三十三过"中有一个比较特殊的过失，即"相违决定"。"相违决定"是指立敌双方所持观点在逻辑上虽然是矛盾的，但在论辩活动中，所立的论式却都能满足论证规则。如《入论》所举的例子：胜论立论式2.7，对此声生论立论式2.8。说"相违决定"是能立，是因为从论证的规范性和有效性上看，胜论和声生论所立的论式均符合论证规则；说"相违决定"是似能立，是因为从论证效果或实效性上看，立敌双方各自成立的论题是矛盾的，在逻辑上不可能同时为真，而在论辩中，"声"究竟是"无常"还是"常"，仍然不能断定，因此，立敌双方所立的论式都不能使对方产生正确的认识，反而使各自都陷入疑惑，所以被列为因明似能立中的"不定因"。事实上，将"相违决定"归为"不定因"的原因可能在于"相违决定"是由于"虚假排中"而导致的错误。即表面上看，立敌双方所要成立的观点恰好是针锋相对的，但实质上，两个论式中"声常"与"声无常"并不是严格的

---

① 陈帅：《窥基〈因明大疏〉对真似的判断说明》，《佛学研究》2020年第1期。

非此即彼的矛盾关系，而是反对关系。作为能立最终要达到"显以悟他"的效果，而"相违决定"并不能使他者真正开悟，产生正确的认识，所以"相违决定"在本质上不能作为能立而应当划归到似能立之中。相应地，他者以"相违决定"的形式来反驳立论者的论点，也是不对的，所以说，"相违决定"也属于似能破，能立与似能破之间也是矛盾关系。由此，窥基批判了以往认识中对"相违决定"的判定，否定了"有是能立亦是似立""有是能立亦是似破"这两句，认为"相违决定"只能是似能立、似能破。

论式 2.7
宗：声无常。
因：所作性故。
喻：譬如瓶等。

论式 2.8
宗：声常。
因：所闻性故。
喻：譬如声性。

（二）"十四过类"是似能立吗？

"十四过类"是陈那在《门论》中总结的十四种错误辩护的类型，以往观点认为"十四过类"是似能破不是似能立，但在窥基看来并不是这样，不存在是似能破却不是似能立的情况，因为错误的破他就等同于错误的自立。"十四过类"是似能破而不是能立，是错误的反驳，是在立论者所立论式没有过失的情况下，敌论的错误反驳。能破有出过破和立量破之分，如果采用出过破的方式反驳，那就是无中生有，即"妄出过破"；如果采用立量破的方式反驳，那么立的论式就是似能立，即"妄立量破"。陈那在《门论》中论述的"十四过类"，是无中生有的"妄出过破"，陈那对此直接指出似能破中的错误之处并予以纠正。文轨在《因明论理门十四过类疏》中，认为"依《理门论》十四过类即是似破"[1]，还原了立敌双方的论辩过程，详细地解释了"十四过类"。敌论者以立量破和出过破并重的

---

[1] （唐）文轨：《因明入正理论文轨疏》，载沈剑英校补《敦煌因明文献研究》，上海古籍出版社 2008 年版，第 377 页。

方式反驳立论者，立论者以子之矛攻子之盾，针对敌论者立量逐一反驳。窥基的《大疏》继承《入论》对似能破的定位，在文轨的基础上，进一步认为似能破的本质在于"立者量圆，妄言有缺。因喻无失，虚语过言"①，立论是正确的论证，敌论者无中生有，妄加指责。之所以会成为似能破，究其根本原因在于不能把握能立即正确论证的规范性和有效性，从论证效果上不能达到"悟他"，无法实现论证的实效性，因此，似能破在这个意义上也是似能立。

二 确定实效性为判定论证真似的根本标准

《大疏》认为，从论证的效果上看，一方面，能立即能破，似能立即似能破；另一方面，不存在既是能立又是似能立，既是能破又是似能破。实质上，是从论证效果上即论证的实效性上，确定了判定论证真似的根本标准在于理性地说服对方，这也就从修辞学视角上融入了评价论证的标准。在《大疏》之前，有观点认为能立与能破之间存在些许差别，这是从能立和能破的表达形式上来说的。比如说，建立自宗的论证方式是能立而不是能破，能破中的直接指出论证错误之处的"显过破"只能用于反驳，不是能立，"立量破"既可以用于反驳也可以用于论证，既是能破又是能立。《大疏》持有同样的观点，认为虽然能立与能破的语言表达形式不同，但是从论证的实效性上看，"能立自宗，即能破敌，必对彼故"②，能立即是能破，正确的论证在证成论题的同时也能用来反驳敌论，因此也是正确的反驳。能破也是能立，正确的反驳是正确的证成，即便能破有直接指出敌论论式的错误之处的"显过破"和通过新建立的论式来破斥敌论观点的"立量破"之分，但"自宗义成，即是真破，自

---

① （唐）窥基：《因明入正理论疏》，CBETA 2024. R1，T44，no. 1840，p. 142a 18–19。

② （唐）窥基：《因明入正理论疏》，CBETA 2024. R1，T44，no. 1840，p. 95b 24–25。

既不立，即似破他"①，"但破他宗，自便立故"②，如果主张能够被证成，那么就是正确的反驳，如果主张不能被证成，那么就是错误的反驳。只要是在破斥对方的论题，那么己方的主张便能被间接证成。这是因为，因明论辩要求立敌双方的观点必须是针锋相对的，当立方的观点是 A 时，那么敌方的观点必然是非 A，因此说，"立谓能申自，破谓就他宗"③，能立就是能够证成己方的观点，能破就是针对敌论所立的观点能够进行反驳。当敌方反驳立方的观点时，即便是不直接说出自己的观点，根据立方的观点也能推出敌方的观点。由此，窥基在以往认识的基础上，进一步指出因明立破的目的在于实现解脱，而解脱最终表现为开悟——"生决定解"，虽说能立与能破、似能立与似能破在语言表达形式上存在差别，但是从论证效果上看也就是从修辞的角度来看，能立和能破都能具有论证的实效性，似能立和似能破都不具有论证的实效性。

从论证的实效性来看，窥基认为能立即能破，似能立即似能破。就立破关系而言，能破的对象一定是似能立，针对能立进行反驳的都是似能破。"能立成似的条件，即是能破成真的依据……明了真能立的条件，即已揭示了似能破成似的因由"④，因此，探讨了能立与似能立，能破与似能破的实质也就明白了。但"虽就他宗，真能立体即真能破，有显过破非真能立。虽似能立则似能破，妄出过破非似能立，故能立外别显能破，似立之外别显似破。"⑤ 从因明论辩的语言表达形式来看，能破中的显过破和似能破中的妄出过破虽然本

---

① （唐）窥基：《因明入正理论疏》，CBETA 2024. R1，T44，no. 1840，p. 95c 11 – 12。

② （唐）窥基：《因明入正理论疏》，CBETA 2024. R1，T44，no. 1840，p. 95b26。

③ （唐）窥基：《因明入正理论疏》，CBETA 2024. R1，T44，no. 1840，p. 95b 27 – 28。

④ 陈大齐：《因明入正理论悟他门浅释》，载释妙灵主编《真如·因明学丛书》，中华书局 2007 年版，第 22 页。

⑤ （唐）窥基：《因明入正理论疏》，CBETA 2024. R1，T44，no. 1840，p. 95c 21 – 24。

质上同能立与似能立一样，但表达形式却不同，因此，即便不作重点论述却仍需另外加以说明。但这也表明，如果清楚了真能立之所以为真，似能立之所以为似，那么根据具体情境也就能区分出能立、能破、似能立、似能破了。窥基在《大疏》中建构的论证理论是从因明唐疏论辩的实际中抽离出来的，最终仍服务于因明唐疏论辩。因此，即便汉传因明偏重立与破，但在论述立破之时，尤以能立与似能立为重，因明唐疏也秉承了这一点。

第 三 章

因明唐疏论证机制

判定论证正确与否的根本标准在于能否实现论证的实效性，即从论证效果上看，能否实现悟他。如何才能实现论证的实效性呢？这就要明确论证各要素之间的结构关系和运行方式，即阐明论证机制。从某种意义上说，因明的命名实际上已经暗含了因明的论证机制。汉传因明汲取陈那"二因说"，认为论证对立论者而言是生因，对敌论者而言是了因。至因明唐疏，以言、义、智衍生出言生因、义生因、智生因、言了因、义了因和智了因的"六因说"。直观上，从"二因说"到"六因说"，阐明了论辩中立论者提出论证到敌论者理解、接受论证的思维认知过程。实质上是从不同的因果关系视角，阐明因明唐疏中论证如何实现其认知功能，体现出实效性是分析和评价论证的最终标准。

第一节 "因"和"明"的辩证关系

因明中"因"和"明"的地位都是独特的，这从"因明"的命名来看就很明显。窥基在《大疏》中，梳理了五种具有代表性的关于"因明"的解释，并总结道：

> 此五释中，第一，因之明，第二，明之因，第三，因与明异，第四，因即是明，第五，属在何教。①

而在这五种解释中，前四种都具体分析了"因"和"明"，具体来看：

一 因之明

> 明者，五明之通名。因者，一明之别称。入正理者，此论之别目。因体有二，所谓生、了，二各有三。②

第一种"因之明"，是窥基引自神泰的解释。神泰认为从普遍意义上看，"因明"是"五明"③之一，"明"特指某种学问，"因明"是强调因的学问。从具体的"因"和"明"来看，神泰采用境与智的关系论述了因明，在他看来，"因是境名，明是智称"④，"因者，即前智境具；明者，辨也，谓此论辨明此因"⑤，"因"是境，"明"是智，境是所量，智是能量，以能量之智照见所量之境，即为因明。而"因体是一，得名有二，故云'因体有二'"⑥，善珠认为从因的本质来说，因体只有一个，但同体的因从不同角度来看，分为两种，即生因和了因。这是依据论辩的两种立场所做的划分——生因是立论者提出论证即通过因、喻立宗义；了因是敌论者通过立论者提出

---

① （唐）窥基：《因明入正理论疏》，CBETA 2024. R1，T44，no. 1840，p. 92c3 - 5。
② （唐）窥基：《因明入正理论疏》，CBETA 2024. R1，T44，no. 1840，p. 92a14 - 16。
③ "五明"，是指工巧明、医方明、声明、因明、内明。
④ （唐）窥基：《因明入正理论疏》CBETA 2024. R1，X53，no. 847，p. 663c16。
⑤ （唐）窥基：《因明入正理论疏》CBETA 2024. R1，X53，no. 847，p. 663c20 - 21。
⑥ ［日］善珠：《因明论疏明灯抄》，东京：佛书刊行会1914年版，第22页。

的因和喻来理解宗义。在生因和了因的基础上，根据言、义、智三个层次又可以分别衍生出三种因，即言生因、义生因、智生因、言了因、义了因和智了因，共六因。因此，"因明"就是"因之明"，是"能诠之教明所诠之因"①，即因明是用以探讨关于因的学问。

二 明之因

> 因明者。一明之都名。……因谓立论者言，建本宗之鸿绪。明谓敌证者智，照义言之嘉由。非言无以显宗，含智义而标因称。非智无以洞妙，苞言义而举明名。……由立论者立因等言，敌证智起，解立破义，明家因故，名曰因明。②

第二种"明之因"，是窥基引自文备的解释。文备与神泰一样认为，就"因明"的普遍意义来看，它是"五明"之一。但就"因"和"明"的具体意义来说，文备和神泰的看法则不同。文备认为"因"即立论者的言生因，是建构论点或主张的论证，"明"即敌论者的智了因，是根据论证来理解和认知的过程。这与神泰从广义上理解"因"的本质不同，文备是从狭义"因"的角度来阐发"因"和"明"，认为"因"与"明"均属于六因，但只有立论者建构论证的言生因是"因"，敌论者理解或接受论证的智了因是"明"。文备之所以强调"因"专指言生因即论证，"明"专指智了因，这是因为，从主次上看，六因之中，言生因和智了因为主，其他四因均为次。此外，如果没有言生因（论证）就不能显示论点（宗），言生因内含着智生因和义生因；没有智了因（认知能力）就不能洞察其中的真理，智了因内含着言了因和义了因。因此，"因是所缘，智

---

① ［日］善珠：《因明论疏明灯抄》，东京：佛书刊行会1914年版，第22页。
② （唐）窥基：《因明入正理论疏》，CBETA 2024. R1, T44, no. 1840, p. 92a 24 – b1。

即能缘，依境智起，此明之因"①。通过立论者的论证，对方产生了正确的认识，理解了立和破中的真义。立论者的论证能够使他者通晓宗上的主张并明了其中的原因，由此称为"因明"。

三　因与明异

> 因者，言生因；明者，智了因。由言生故，未生之智得生；由智了故，未晓之义今晓。……因与明异。俱是因名。……立论虽假言生，方生敌论之智，必资智义，始有言生。敌者虽假智了，方解所立之宗，必藉义言，方有智了。故虽但标言生、智了，即已兼说二了、二生。摄法已周，略无余也。②

第三种"因与明异"，是窥基引自文轨的解释。与文备关于"因"和"明"的解读一样，文轨也认为"因"就是言生因，"明"就是智了因。这是因为有了言生因，所以未生起的智慧得以生起。有了智了因，所以未通晓的道理得以通晓。"因"和"明"是不同的，但都可以称为"因"。与文备不同的是，文轨虽然主张"因者，言生因；明者，智了因"③，但是文轨依据六因的内在产生关系，认为虽然"因"和"明"只说到言生因和智了因，但实际上已经包含了义生因、智生因和言了因、义了因。因为立论者通过言生因才能使敌论者生起正智，同时也必须依靠智生因和义生因才能产生言生因；而敌论者通过智了因才能理解言生因，同时也必须借助义了因和言了因才能产生智了因。而这似乎又与文备的解释相似，那为何不说这是"明之因"而是"因与明异"呢？文轨在其注疏中写到

---

① ［日］善珠：《因明论疏明灯抄》，东京：佛书刊行会1914年版，第25页。
② （唐）窥基：《因明入正理论疏》，CBETA 2024.R1，T44，no.1840，p.92b3-13。
③ （唐）窥基：《因明入正理论疏》，CBETA 2024.R1，T44，no.1840，p.92b3-4。

"'因'以利果为义，未生之智令生；'明'以鉴照为功，未显之义令显"①，从效用上看，"因"与"明"的作用是不同的。"因"的作用是"利果"，使还未产生的智慧产生；"明"的作用是"鉴照"，使未显示的意义显示出来。善珠也是这样解释的——"立论之言望所立宗，名之为'因'；敌论之智望照宗义，名之为'明'，是故二别。"② 因此，"因与明异"。

四　因即是明

> 因明者，本佛经之名。……因谓智了，照解所宗，或即言生，净成宗果，明谓明显，因即是明。③

第四种"因即是明"，是窥基引自靖迈的解释。靖迈认为因明原本是佛经的名称。"因"即智了因或者言生因，智了因是敌论者理解或接受立论者所立宗或论点的智慧，言生因是立论者清晰地证成宗上论点的论证。实际上，靖迈关于"因"的解释，也是从广义上来说的，但是与神泰"因"即六因的看法不同的是，靖迈认为"因"主要是指智了因和言生因，但根据文轨的解读，智了因和言生因实质上也是包含了其他四种因的，所以，靖迈与神泰关于"因"的理解本质上是一致的。然而就"明"的阐释来看，靖迈认为，"明"，顾名思义，即明白、显现，从"因"所指的对象来看，"明"就是"因"，"因"就是"明"，两者都是为了显示宗义，即"智之与言，明义虽别，同明宗故"④。

---

① （唐）文轨：《因明入正理论文轨疏》，载沈剑英校补《敦煌因明文献研究》，上海古籍出版社2008年版，第319页。
② ［日］善珠：《因明论疏明灯抄》，东京：佛书刊行会1914年版，第22页。
③ （唐）窥基：《因明入正理论疏》，CBETA 2024.R1, T44, no. 1840, p. 92b 13–16。
④ ［日］善珠：《因明论疏明灯抄》，东京：佛书刊行会1914年版，第22页。

总的来说，在这四种关于"因明"的解释中，"因"广义上即指六因，主要指言生因和智了因；狭义上仅指言生因。"因明"的题意本身就内含着以言、义、智三分生、了二因的论证机制，是立论者通过论证启发敌论者，使敌论者得以开悟的过程。而在这一过程中，立论者的言生因和敌论者的智了因于实现论证效果上居主要地位，由于言生因要依据义生因和智生因而来，智了因要依据言了因和义了因而来，因此，在这个意义上，"因明"即为六因。此外，唐疏基于生、了二因阐发因明。生因的立论者视角与了因的敌论者视角，也表明了生、了二因蕴含着立论者和敌论者的对立关系，构成了因明唐疏论辩的对立语境或者说是辩证语境。

第二节 "二因说"到"六因说"

世亲在因明中引入"生因"和"显不相离因"，提出了"二因说"的雏形，但并未用于解释论证之于立敌的功用。陈那明确提出"生因"和"了因"，以二因区别立论者提出论证与敌论者理解、接受论证的两个过程，赋予"二因"以对立语境或辩证语境的意义。唐疏则在继承"二因说"的基础上，进一步细分，发展出"六因说"，从言、义、智三个层面阐释立论者的"因"如何使敌论者达至"明"。自此，因明唐疏的论证机制由"二因说"演变至"六因说"。

一 世亲《如实论》中的生因与显不相离因

世亲在《如实论·道理难品》中讨论"至不至难"是错误的反驳时，提到有两种因，一种是生因，另一种是显不相离因。

> 因有二种：一生因、二显不相离因。汝难若依生因则成难，若依显因则是颠倒，何以故？我说因不为生所立义，为他得信，

能显所立义不相离故，立义已有。于立义中如义、智未起。何以故？愚痴故。是故说能显因，譬如已有色，用灯显之，不为生之。是故难生因，于显因中是难颠倒。①

世亲所谓的生因是指现实因果关系；显不相离因也就是后文所说的显因，是思维认知中的因果关系即逻辑因果关系。世亲认为，在解释"至不至难"前，首先要区分两种因，一种是生因，另一种是显不相离因。生因与显因针对不同的因果关系。如果"至不至难"是从生因的视角，也就是现实因果关系来看，的确是可以成立的。"因至"就好比江水汇入海中，成为海水，那么原来的江水就不再是江水，而应该是海水；"因不至"就如同江水在入海的过程中而未到达海中，那么江水仍是江水，不可以称为海水。如此，"因至"即因证成所立宗义，那么"因"就不再是"因"而成为所立宗义，"因不至"即因未证成所立宗义，那么"因"就不可能是所立宗的因。但是如果"至不至难"是从显因的视角，也就是认知的逻辑因果关系来看，那就不能成立了。因为逻辑因果关系要显示的是论证的理由与主张之间的关系，是对现实因果关系的表达。两者最大的区别在于，生因所说的现实因果关系严格受制于时间，因为现实因果关系中，物理原因不可能出现在物理结果产生之后，而显因所说的逻辑因果关系并不受此限制。比如我们在现实世界中观察到的是由火产生了烟，那么火是烟产生的物理原因，烟是火存续的物理结果，而在我们判断某处是否着火时，我们一般会使用"此处有烟"来证成"此处有火"。在这样的论证中，我们是以作为物理结果的烟为因（理由）来论证宗（主张）是作为物理原因的火，从论证的结构来看，"此处有烟"是论证的理由或论据，"此处有火"是论证的主张或论点。"至不至难"妄用现实因果关系取代逻辑因果关系，显然是张冠李戴。因为论证是用逻辑因果关系表达现实因果关系的，而

---

① ［印度］世亲：《如实论》，CBETA 2020. Q3, T32, no. 1633, p. 31c13 – 20。

"至不至难"则是以现实因果关系来发难的，这与逻辑因果关系的论证恰好是颠倒的。由此，世亲认为"至不至难"是错误的反驳。世亲在这里使用的生因和显因，显然只是为了区分现实与思维认知中的因果，还未涉及区分立论者和敌论者的对立关系。

二 陈那《门论》中的生因与了因

陈那在《门论》中也对"至非至相似"（即"至非至难"）作了分析，但陈那并没有在此提及生因和了因。

> 若能立因至所立宗而成立者，无差别故，应非所立，如池、海水相合无异。又若不成，应非相至；所立若成，此是谁因？若能立因不至所立，不至、非因无差别故，应不成因。是名为至非至相似……如是且于言因及慧所成立中有似因阙，于义因中有似不成，非理诽拨诸法因故，如前二因，于义所立，俱非所作能作性故，不应正理，若以正理而诽拨时，可名能破。①

关于"至非至相似"，陈那与世亲的分析一致。"至非至相似"是错误地将现实世界的物理因果关系等同于思维认知世界的逻辑因果关系，认为如果能立因"至"所立宗，就好比河水汇入大海而成为海水，因即为宗；如果能立因"不至"所立宗，就好比河水还未汇入大海，如何得以成为海水？因又怎么能证成宗呢？这样的诘难是不成立的，因为物理因果关系并不等同于逻辑因果关系。陈那认为这是敌论者妄加指责立论者，认为立论者的论证（言因）和生成论证的智慧（智因）存在阙因的过失，论证所表达的意义（义因）存在不成的过失。从陈那的分析来看，陈那已经借用言、义、智三个层面来分析因明论辩，但只是散见在"十四过类"的分析中，并

---

① ［印度］陈那：《因明正理门论本》，（唐）玄奘译，CBETA 2024.R1，T32，no. 1628，p. 5a10–27。

未形成体系。

此外，陈那在解释为什么"宗法"一定要是立敌的共识时，提到了生因和了因：

> 今此唯依证了因故，但由智力了所说义，非如生因由能起用。①

陈那认为，论证的终极目的在于实现论证的实效性，即了悟，所以论证能否被实现，依据的是了因而不是生因。生因的作用是"由能起用"，即能够被用来启发他人，了因是"由智力了所说义"，是通过自身的智慧来理解他人所说的义理。显然，陈那所说的生因和了因与世亲所说的生因和显因并不是完全一样的。陈那并不是从现实世界和思维认知世界的角度来阐释生因和了因的，而是在对立语境下，通过不同的论辩主体来区分生因和了因的。生因是立论者给出的论证，用以启发他人，了因是敌论者通过理解、接受立论者的论证得以了悟，这是从功用的视角阐述生因和了因。据此可以说，在陈那那里，生因和了因开始涉及论辩的认知主体，体现了论辩中立论者和敌论者的对立关系。正如沈剑英所说："陈那将'生因'与'了因'两个用语引入新因明是有重大意义的，他在充分发展因三相说的同时，开始注意到论辩时立敌对扬过程中表意和解意的二元基本关系。"②

三 因明唐疏发展"二因说"为"六因说"

陈那在《门论》中使用生因和了因来分析论证，可以说这是因明论证机制最简单的模式。唐疏正是在这一简单模式上做了进一步

---

① ［印度］陈那：《因明正理门论本》，(唐) 玄奘译，CBETA 2024. R1, T32, no. 1628, p. 1b11。

② 沈剑英：《佛教逻辑研究》，上海古籍出版社 2013 年版，第 321 页。

发挥，衍生出"六因说"。据沈剑英考证，陈那虽然没有系统论述六因，但六因在陈那那里已有雏形，从玄奘传回的六因来看，与陈那相比要具体且完整，说明其间应该有一个发展过程①。在现有的文献资料中，奘门弟子神泰、文轨、净眼、窥基等人都很明确地提出在生因和了因的基础上，由其种类可分为言、义、智，进而能够衍生出六因。可以说，唐疏的"六因说"是对陈那生、了二因较为彻底的发挥，其中，窥基在神泰、文轨等人的基础上对"六因说"阐发得最为详细。

因明唐疏继承了陈那以生、了二因区分论辩主体的认知过程，并认为生因就好比是种子能够生出芽，具有启发他人智慧的作用，了因就好比灯光能够照显他物，具有能够呈现、理解、接受他者的作用。

> 因有二种：一生，二了。如种生芽，能起用故，名为生因。故理门云：非如生因由能起用。如灯照物，能显果故，名为了因。②

在论辩的过程中，根据论辩的主体即立论者和敌论者的对立关系，立论者提出论证是生因，敌论者理解、接受论证是了因。此外，依据言、义、智三个层面，生因和了因又可以分为言生因、智生因、义生因、言了因、智了因和义了因。

---

① 沈剑英在北京大学因明论坛第二讲"六因理论探析"中讲道："从陈那的零星表述可知，六因理论在陈那创立新因明时当已有其雏形。而且陈那对六因理论并未做系统论述，说明陈那只是使用其概念来阐说。六因理论可能在陈那以后又逐渐发展起来，其过程文献不足征，难以考定，但也并非无迹可寻，因为从玄奘大师传回的六因理论来看，较之陈那所述要具体而且完整，说明其间应该存在一个发展的过程。"

② （唐）窥基：《因明入正理论疏》，CBETA 2024. R1，T44，no. 1840，p. 101b29 - c3。

言生因者，谓立论者立因等言，能生敌论决定解故，名曰生因。故此前云："此中宗等多言，名为能立。"由此"多言"，开示诸有问者未了义故。智生因者，谓立论者发言之智，正生他解，实在"多言"，智能起言，言生因因，故名生因。义生因者，"义"有二种：一道理名义，二境界名义。道理义者，谓立论者言所诠义，生因诠故，名为生因。境界义者，为境能生，敌证者智，亦名生因。①

生因有三种。第一，言生因。"言生因者，谓立论者立因等言，能生敌论决定解故，名曰生因。"在言生因中，"言"指的是立论者的论证，主要是指论证中的理由或论据的语言表达，也就是三支论式中的因支和喻支，因此，文轨、窥基等人说"谓立论者立因等言"。唐疏中也有人认为"言"是指因支，从直接证成所立宗义的视角来说，这也是没有问题的，但在此，笔者更偏向于用以论证中的理由或论据的语言表达来指称言生因，而不区分言生因中的直接和间接证成作用。生因必须要具备启发他人智慧的作用，因此说，言生因是立论者通过论证的语言启发敌论者对论点，即主张的正确认识。从启发他者正确认识的意义上说，言生因就是《入论》中所说的"能立"，因为言生因和能立一样，都要具有"悟他"的作用。第二，智生因。"智生因者，谓立论者发言之智，正生他解，实在'多言'，智能起言，言生因因，故名生因。"智生因就是指立论者提出论证的智慧。由于立论者提出论证的智慧体现在论证中，而这一论证能够使敌论者产生正确的认识，因此，智生因是言生因的因，也称之为生因。第三，义生因。"义生因者，'义'有二种：一道理名义，二境界名义。"义生因有两种：一种是道理名义，"谓立论者言所诠义"，是指立论者论证所表达的意义，因为有了论证所表达的

---

① （唐）窥基：《因明入正理论疏》，CBETA 2024. R1，T44，no. 1840，p. 101c 4–12。

意义才能产生言生因，所以义生因是言生因的因，也称为生因。另一种是境界名义，"为境能生，敌证者智"，是指论证所表达的意义作为敌论者的认知对象，在一定程度上能够启发对方的智慧，因此也称为生因。

> 智了因者，谓证敌者解能立言，了宗之智，照解所说，名为了因。故《理门》云："但由智力了所说义"。言了因者，谓立论主能立之言，由此言故，敌证二徒，了解所立，了因因故，名为了因。非但由智了能照解，亦由言故。照显所宗，名为了因。故《理门》云："若尔，既取智为了因，是言便失能成立义。此亦不然，令彼忆念本极成故。"因喻旧许，名本极成。由能立言，成所立义，令彼智忆，本成因喻，故名了因。义了因者，谓立论主，能立言下所诠之义，为境能生他之智了，了因因故，名为了因。亦由能立义，成自所立宗，照显宗故，亦名了因。①

了因也有三种。第一，智了因。"智了因者，谓证敌者解能立言，了宗之智，照解所说，名为了因。"智了因是指敌论者通过立论者提出的论证能够理解其立宗的智慧，敌论者去理解或认知接受的过程即为"智"，被理解、接受的"言"即为了因。第二，言了因。"言了因者，谓立论主能立之言，由此言故，敌证二徒，了解所立，了因因故，名为了因。非但由智了能照解，亦由言故，照显所宗，名为了因。"言了因是指立论者的论证，因为敌论者通过立论者的论证来产生认识，所以立论者的论证也称为言了因。并且言了因是智了因的因，因为有了"言"，敌论者的"智"才有了认识的对象。第三，义了因。"义了因者，谓立论主，能立言下所诠之义，为境能

---

① （唐）窥基：《因明入正理论疏》，CBETA 2024.R1，T44，no.1840，p.101c14–26。

生他之智了，了因因故，名为了因。亦由能立义，成自所立宗，照显宗故，亦名了因。"由于"义"作为论证所表达的意义能够成立所立宗，显示宗的含义，因此称为了因。义了因即是指立论者论证所表达的意义能够作为敌论者的认知对象，能够使其阐述"智"，因此说，义了因是智了因的因。

综上所述，从世亲、陈那的"二因说"到因明唐疏的"六因说"，因明唐疏论证机制从论辩双方的对立关系，深化到立论者和敌论者的言、义、智，细化了因明的论证要素，为阐述论证机制的结构关系和动态运行方式奠定了基础。

第三节　"六因说"

因明唐疏对陈那因明最大的发展可谓是"六因说"，这是汉传因明对印度因明发展创新的最大理论成果。"六因说"是"二因说"的衍生，"六因说"阐述的是立论者的智生因、义生因、言生因和敌论者的言了因、义了因、智了因，六因之间的因果关系即为因明唐疏的论证机制。尤其是，"六因说"以言、义、智三分生因和了因，既从静态的论证表达分析其结构关系，又从论证产生的动态过程分析其运行方式。

一　言、义、智三分的原因

之所以会有生因和了因的分别，最直接的原因是两者产生的结果不同。生因如种子生芽，具有生起智慧的作用，因此以"生"得名；了因如明灯照物，能够了解明白他物，因此以"了"得名。正如周叔迦所解释的："因有两种，第一是'生因'，如同从种子生芽，从泥生出苗子，凡是由某一事用发生出另一种事用来，叫作生因。第二是'了因'，如同灯能照物，在黑暗的屋子里，那东西是本来有的，但是人不能见。有了灯也并不是有东西从灯里出来，但是人能看见许多东西，这灯对于屋里东西，便是了因。"①

此外，因明唐疏在论辩中分别生、了二因，还间接地显示了立论者和敌论者的对立关系。从开悟的对象来看，立论者提出论证开悟他者，必然是经历了先自悟而后悟他，立论者先以自悟，即为生因，而后悟他，则为了因。立敌双方在论辩中的主要任务是立论者以智生义表言，敌论者以智解言得义。由此，生、了二因分为言、义、智三类。言因即六因中的言生因和言了因，指的是论证的语言表达，在因明唐疏中主要是指以三支论式的形式所表达的论证。义因即六因中的义生因和义了因，指的是义理或论证所表达的意义。义因具体指什么呢？窥基认为，义因可以分为道理义和境界义，道理义即所诠之义，境界义是作为认知对象的义，而"其言生因及敌证智，所诠之义，各有三相"②。这就是说，窥基认为义因有三相即因三相。智因即六因中的智生因和智了因，由于认知的主体不同，两者本质上是不同体的。

神泰在《因明入正理门论述记》中，从了因的角度阐述了言、义、智三分的重要性：

> 初言因者，有其二种：一者生因，二者了因。今此所辨正说了因，兼辨生因。就了因中复有三种：一者义因。谓通是宗法，所作性义；二者言因。立论云者，所作性言；三者智因。诸敌论之者及证义人，解前义因及言因，心心数法，通名为智。此之三因，并能显照声无常。③

---

① 周叔迦：《因明新例》，载沈剑英主编《民国因明文献研究丛刊（全24辑）10（周叔迦的因明著作）》，知识产权出版社2015年版，第18页。

② （唐）窥基：《因明入正理论疏》，CBETA 2024.R1，T44，no. 1840，p. 102b 15 – 16。

③ （唐）神泰：《因明入正理门论述记》，CBETA 2021.Q1，X53，no. 847，p. 663 c10 – 17//R86，p. 625a4 – 11//Z 1：86，p. 313a4 – 11。

神泰认为如果以"声无常,所作性故"为例,义因是指因支上"所作性"表达的意义,言因是指因支上"所作性"这个语言表达形式,智因是敌论者的"心心数法","心心数法"产生的基础是"所作性"作为理由符合论证规则,敌论者理解了"所作性"的意义,并能接受"所作性"作为理由能够证成"声无常"。神泰指出,只有当言、义、智三者共同作用时,主体才能理解所立宗义"声无常"表达的意义和智慧,所以说,以言、义、智三分的方式能够清晰地解释生因和了因,在六因之下,因明唐疏中的论证不再囿于静态分析,而是在辩证对话的语境下动态地展开。

> 生果照果,义用不同。随类有能,故分三种。立智隔于言义,不得相从名了。敌智不生立解,无由可得名生。故但分三不增不减。[①]

窥基认为之所以三分,是因为生因产生的果与了因产生的果在意义和功用上是不同的,根据其功用分为三类,即言、义、智,它们分别反映不同方面。立论者的智慧源于现量和比量,如果立论者不能将其智慧(智)用具有意义(义)的语言(言)表达出来,那么敌论者就不能理解、接受立论者的主张,立论者的智慧就不能转化为敌论者的认识。如果敌论者的智慧(智)不能理解立论者的语言(言)所表达的意义(义),立论者的言和义也就不能称为生因。这是从反面论证了言、义、智三分的重要性。

二 以言生因与智了因为主

六因在论证之中缺一不可,但是也存在主次之分。立论者以言生因为主,敌论者以智了因为主。净眼从生因的视角解读言、义、

[①] (唐)窥基:《因明入正理论疏》,CBETA 2024. R1, T44, no. 1840, p. 102b 5-8。

智三者之间的关系，认为在生因之中，言生因是最重要的。

> 由智发言，由言诠义，俱益所成理，实三种皆名能立，以言胜故，论偏说之。何以得知？且如未立义前虽有智、义，其宗未立，发言对敌，其义方成，故知言因约胜说也。①

净眼认为，言生因是通过智生因产生的，言生因表达了义生因，三者同时作用才能阐明所立宗义，所以说三种因都是能立。因明唐疏中以言生因为主，是因为智生因和义生因都要依靠言生因才能够被表达出来，如果没有言生因的表达，智生因和义生因作为立论者的思想内容，无法被敌论者获知，因此说，从立论者的角度来说，言生因是最为重要的。

文轨认为，六因之中言生因和智了因是最为重要的，其中又以敌论者的智了因为主。

> 彼言立、敌俱许等者，意取敌论知其因义俱许之智，非谓所知立、敌俱许即是了因。若俱许即是亲了因者，岂可立者自许所作，敌者便了无常宗义？故取敌智为亲了因。上来生、了义虽有六，然意正存生言、了智，由立者言生因故，敌论未生之智得生，由敌者智了因故，本隐真实之理今着，故正取此二，余四相从。②

在文轨看来，虽然陈那说的"立敌俱许"是说因支上的因法是立论者和敌论者的共识，但在实际操作上是有先后的，立论者在论证中选取的因法首先得自己要接受，其次得是敌论者也要接受的，

---

① （唐）净眼：《因明入正理论略抄》，载沈剑英校补《敦煌因明文献研究》，上海古籍出版社2008年版，第246页。

② （唐）文轨：《因明入正理论文轨疏》，载沈剑英校补《敦煌因明文献研究》，上海古籍出版社2008年版，第326页。

因此,"立敌俱许"的要求也是存在直接和间接的区分,立论者提出论证时,要以敌论者的智了因为直接原因,即亲因,但这并不等于说立论者的言生因不重要。立论者的言生因是敌论者的认知对象,如果没有认知对象,即便敌论者智慧超然也是无用。因此,在六因之中,言生因和智了因最为重要,这是分别从立论者以言启智,敌论者以智解义的视角阐述的。

窥基与文轨的看法基本一致,认为六因之中言生因、智了因最为重要。

> 根本立义拟生他解,他智解起本籍言生,故言为正生,智义兼生摄。故论上下所说多言。开悟他时,名能立等。……立者之智久已解宗。能立成宗,本生他解,故他智解正是了因。言义兼之亦了因摄。①

窥基认为立论者立论的根本目的是让对方能够了悟宗支上的论点,即论证的主张,而对方了悟的对象是立论者提出的论证,即因支和喻支,也就是立论者的言生因,立论者的智生因和义生因都是言生因的因,因此,在生因之中,言生因是"正生",智生因、义生因是"兼生"。另外,敌论者根据立论者给出的论证来理解所立宗义,是在智了因的作用下,通过言了因理解义了因,最终得以开悟。因此,在了因之中,智了因是重要的,言了因和义了因是次要的。此外,从功用上看,言生因的作用是启发敌论者对所立宗义的认识,智了因的作用是使潜在的义理显示出来,使敌论者能够理解、开悟。如果缺少了言生因,那么立论者就不能表达其思想。如果缺少了智了因,那么敌论者就没有判别论证的认知能力。之所以说二者之中又以智了因为主,慧沼给出了解释:

---

① (唐)窥基:《因明入正理论疏》,CBETA 2024. R1,T44,no. 1840,p. 101c 12-28。

> 望了宗边，正取智了。望生他智，正取立者，诠因喻言，何以故？本意立量，为生他智。①

因为建立论式的意义在于能够使他者生起智慧，在因明论辩中，表现为能使敌论者接受立论者所立的宗义、立场或主张，所以，从论证目的来看，立论者提出论证是为了让敌论者了悟所立宗义，要以智了因为主。但是从生起敌论者的智慧来说，言生因是敌论者的认知对象，当然是必不可少的，但两者相比，智了因作为是否实现悟他的直接表现，更为重要。

当前学界比较赞成文轨和窥基的看法，认为六因之中言生因和智了因是主要的，实际上这也继承了陈那新因明的观点。而六因以言生因和智了因为主，旨在表明因明学的意义在于"说明何者为立论者所必需之条件，而何者为论敌者所必由之途径，以令他了决自宗之真似而已"②。

三 言、义、智的具体所指

如何来确定立论者立论的条件和敌论者判定的依据呢？这就涉及六因各要素的具体所指。

（一）智因：认知能力

由于主体的不同，智生因和智了因必然是不同的。智生因是立论者的认知能力，智了因是敌论者的认知能力。一个好的论证在于能否转化为智了因，即立论者的论证能否实现论证的实效性，使敌论者理解并接受这一论证。由此，依据论辩主体的认知，因明唐疏将智因引入了论证的评价之中，表现为敌论者能否理解、接受立论者提出的论证。而立论者提出的论证是敌论者的认知对

---

① （唐）慧沼：《因明义断》，CBETA 2021. Q1，T44，no. 1841，p. 146a19 – b19。
② 虞愚：《因明学》，载释妙灵主编《真如·因明学丛书》，中华书局2006年版，第114页。

象，敌论者理解论证的过程，即解释论证表达的意义或义理。智因表现的是立论者和敌论者的认识能力，在论辩中能够区分立敌对辩的立场。

(二) 言因：三支论式

言因，立论云者，所作性言。①（神泰）

言生因，谓立论者以立因言能生敌论决定之解。②（文轨）

言生因者，谓立论者立因等言，能生敌论决定解故。③（窥基）

言因作为论证的语言表达形式，在因明论辩中即为能立。神泰、文轨和窥基在言因的定义上存在分歧，沈剑英指出因有广义和狭义之分④，神泰和文轨所说的言因，从狭义上看是指三支论式中的因支，窥基则认为言因是"立因等言"，"等"字说明言因不仅包括因支，还包括喻支，这是从广义上来看的。而在慧沼看来，"以他智生，宗方显故。故知生因虽宗、因、喻，若言若义，正能生因，即因喻言"⑤，意思是说，只有当他者的智慧生起，宗义才能显示出来。所以，生因虽然有宗、因、喻三支，但是从言和义上来说，作为能生因，只有因支和喻支。慧沼的分析是中肯的，从论证的角度来看，被言说的论证必然要包括论证的主张和理由，而在三支论式中，宗支即论证的主张，显示了所要成立的观点是什么，因支和喻

---

① （唐）神泰：《因明入正理门论述记》，CBETA 2021. Q1, X53, no. 847, p. 663 c13。

② （唐）文轨：《因明入正理论文轨疏》，载沈剑英校补《敦煌因明文献研究》，上海古籍出版社2008年版，第325页。

③ （唐）窥基：《因明入正理论疏》，CBETA 2024. R1, T44, no. 1840, p. 101c 4–5。

④ 参见沈剑英《佛教逻辑研究》，上海古籍出版社2013年版，第322页。

⑤ （唐）慧沼：《因明义断》，CBETA 2024. R1, T44, no. 1841, p. 146b3–4。

支即理由，表达了主张得以被证成的原因，宗是通过因和喻被证成的。因此，能生因的言包括因支和喻支，虽然分析视角不同，但慧沼和窥基的看法是一致的。言生因和言了因的所指即三支论式，但是真正意义上的言因是指作为理由或前提的因支和喻支，但由于因支、喻支在论证中的作用不同，因支在证成所立宗义时起直接作用，因此，言因中又以因支为重。

（三）义因：因三相

言因和义因作为立论者和敌论者智因之间沟通的桥梁，在六因之中也是必不可少的。窥基认为六因中言因和义因的关系是：

> 以言望于义，亦成显了因；以义望于言，亦成显了果；以义望于言，亦作能生因；以言望于义，亦为所生果。[①]

这是从两种视角而言的：第一，从立论者生因的角度来说，义是言的能生因，是立论者在领悟了宗义的情况下给出的论证；第二，从敌论者了因的角度来说，言是义的显了因，是敌论者将立论者的论证作为认知对象，通过理解论证语言表达的意义来理解宗义，达至开悟。所以说，言生因和言了因所指称的对象，都是论证的语言表达形式，不过言生因偏重立论者视角，是立论者提出的论证，言了因偏重敌论者视角，是以立论者的论证作为认知对象。但同一个论证语言表达形式，由于认知主体不同，理解的意义会根据主体的认知、心理、信仰等因素可能出现偏差，不一定是一致的，因此，义生因和义了因不似言生因和言了因一般可以归为一处。所以，按照窥基的说法，言因即为论证的语言表达形式，是三支论式，义因即为语言所表达的意义，是由因三相规定的。

[①] （唐）窥基：《因明入正理论疏》，CBETA 2024.R1，T44，no.1840，p.102a21-24。

第四节　六因论证机制的图示解释

因明唐疏中的"因"有两种解释，一种解释为原因，用于描述现实因果关系，一种解释为理由，用于描述论证中理由与主张之间的逻辑因果关系。欲要解释六因是在何种意义上诠释论证机制中各要素之间的结构关系和运行方式，首先便要阐明因明唐疏中"因"的具体所指。而六因论证机制中各要素之间的关系是现实因果关系，区分言、义、智是为了从现实因果关系中阐明逻辑因果关系。

一　关于"因"的指称

因明唐疏的"因"有两种阐释视角。第一种"因"是生因，泛指现实因果关系的因，即原因。比如说，在现实世界中我们观察到在熊熊燃烧的大火中升起浓烟，所以大火产生了浓烟，大火是因，浓烟是果。第二种"因"是了因，是指论证的理由或论据，是指逻辑因果关系中的因，即三支论式中的因支和喻支。比如说，我们依据物理世界中的因果关系进行论证，将物理世界中由原因产生的结果作为理由，可以证成的主张是物理世界必然存在产生该结果的原因。如上述例子中，物理世界中大火燃烧产生浓烟，当我们观察到这个现象并对此进行归纳时，我们会说有烟的地方都有火，我们这样说的依据在于通过观察，可以发现有烟与有火之间的因果关系是火产生烟，火是原因，烟是结果，所以根据有果必有因的观念，我们说有烟必有火。生因和了因之间本身也存在生因意义上的物理因果关系，即生因为因，了因为果。所以，我们能够用因明三支论式的逻辑因果关系来表述现实因果关系，即为"此山有火（宗），以有烟故（因），若是有烟见彼有火，如灶上（同喻）；若无火处见非有烟，如水面上（异喻）"。因明三支论式表达的是了因视角的逻辑因果关系，但立论者提出论证，敌论者理解、接受论证，体现的则是生因视角的现实因果关系。从生、了二因来看因明唐疏论辩，实质上是从现实因果关系来分析因明论辩，而从生、了二因衍生出的六因来看因明唐疏论辩，实质上则是在现实因果关系和逻辑因果关系的双重视角上分析因明论辩，而因明论辩则是对现实因果关系和逻辑因果关系的迭代应用。

由于语言的模糊性，"因"的指称对象会随着阐释视角的不同而有所变化。当把"因"解释为原因、缘故，"因"则为生因，是现实因果关系；当把"因"解释为理由、根据，"因"则为了因，是逻辑因果关系，两者有着本质的区别。笔者非常赞同陈大齐的观点：

> 所谓原因，是在实在世界中的事情，其功用能在实在世界产生结果内产生结果。至于理由，是思想世界内推理的根据，虽以实在世界的事情为基础，但并不于实在世界内发生作用。理由只能证明其结论，不能生起任何实在的结果。原因与理由的功用不相同，所以我们虽亦时常拿原因来充理由，有时却倒过来以结果充理由。[①]

有学者指出，在因明三支论式中，广义的"因"指三支论式的因支和喻支，狭义的"因"指因支上的因法（宗法），[②] 这是把"因"解释为理由或根据，在逻辑因果关系上区分广义因和狭义因。三支论式是新因明的论式，在论证中充当主张或论点的是宗支，充当理由或论据的是因支和喻支。从论证效力来看，因支和喻支中具有论证力量，能够直接证成宗的是因支，喻支的作用则是间接地予

[①] 陈大齐：《因明入正理论悟他门浅释》，载释妙灵主编《真如·因明学丛书》，中华书局 2007 年版，第 48 页。

[②] 参见沈剑英《佛教逻辑研究》，上海古籍出版社 2013 年版，第 322 页。

以支持，因此，三支论式中，因支和喻支虽说都是论据，但却有所分别，具有直接证宗作用的是因支，故以"因"特指，而在因支上的核心概念是因法（宗法），因此，有时也直接称其为"因"。具体整理见表3-1：

表3-1 "因"的具体所指

	示例	"因"的具体所指	
第一种	"二因"（生因、了因）"六因"（言生因、义生因、智生因、言了因、义了因、智了因）	"因"指的是广义论证产生效果而涉及的所有因素，是前提到结论的交际行为复合体。从宏观上看，是从立论者提出论证到敌论者理解并接受论证的整个过程。生因是现实因果关系，了因是逻辑因果关系。从现实因果关系来看，生因是了因的因，了因是生因的果。了因之所以也称为"因"，是因为了因要实现悟他，所以了因也是因，是开悟他者的因。	
第二种	山上着火，产生浓烟	"因"指的是在现实因果关系（生因）中的"火"，是由火产生烟，所以"火"为因，"烟"为果。	
第三种	宗：此山有火 因：以有烟故 喻：若是有烟见彼有火，如灶上（同喻）若无火处见非有烟，如水面（异喻）	"因"指的是在逻辑因果关系（了因）中用"有烟"能够证成"有火"，"有烟"为因，"有火"为宗。具体来说：	
		逻辑因果关系的"因"	因支、喻支
		直接证宗的"因"	因支
		因支中的核心概念"因"	因法（宗法）

综上，在因明唐疏中，"因"具有不同的意义和指称。陈大齐认

为，因明泛论"因"时，既有"原因"又要有"理由"，分为六因，在六因之中，严格地说只有道理义因能够被解释为"理由"。[①] 在笔者看来，六因中的"因"是指原因，六因间的因果关系是现实因果关系。六因的研究对象是立论者提出论证到敌论者理解、接受论证的动态过程，即因明唐疏论证，而因明唐疏论证则是思维认知中的逻辑因果关系。因此，六因是从现实因果的角度，诠释论辩中逻辑因果实现其认知功能的过程。

二 六因之间的因果关系

因明唐疏论证各要素之间的结构关系和运行方式表现为六因之间的因果关系。窥基在《大疏》中明确阐述了六因之间的因果关系[②]。在他看来，六因之中只有智生因是因，其余五个既是因又是果。就立论者提出论证的过程而言，智生因是义生因和言生因的因，言生因是智生因和义生因的果，义生因既是智生因的果又是言生因的因。就敌论者了悟过程而言，言了因是义了因和智了因的因，智了因是言了因和义了因的果，义了因既是言了因的果又是智了因的因，智了因的果是敌论者最终领悟的宗义。而言生因和言了因所指称的对象都是一样的，都是指立论者为了证成宗义而提出的论据即因支和喻支，如图3-1所示。

近代以来，陈望道、陈大齐、石村、沈剑英、姚南强、张忠义等人均对此有过阐述，并给出了图示解释。陈望道、陈大齐、石村均依据窥基的解释阐述了六因之间的因果关系，认为立论者的智慧

---

① 参见陈大齐《因明入正理论悟他门浅释》，载释妙灵主编《真如·因明学丛书》，中华书局2007年版，第49页。

② "智了因唯是生因果，而非生因因；智生因唯是生因因，而非了因果。言、义二生因为智生因果，为智了因因；言、义二了因为智了因因，非为智了果。得为智生果，不作智生因。以言望于义，亦成显了因；以义望于言，亦成显了果；以义望于言，亦作能生因；以言望于义，亦为所生果。由此应说唯因不是果，谓智生因为果亦成因。"[（唐）窥基：《因明入正理论疏》，CBETA 2024.R1, T44, no.1840, p.102a17-25。]

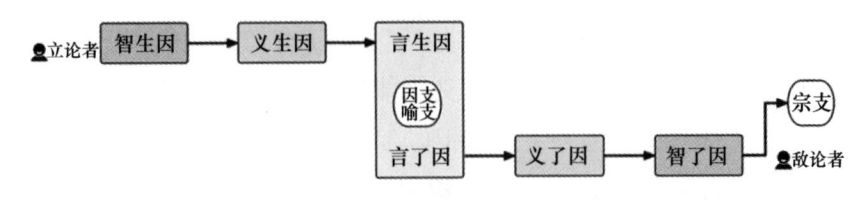

图 3-1 窥基《大疏》中六因的因果关系

认识了义理，并表述为语言，敌论者根据立论者的语言及其所蕴含的义理，得以产生智慧，令其了悟真理。① 沈剑英认为窥基诠释六因之间的因果关系，即"论辩的六元语用理论及其模型"②，因此，沈剑英在语用的层面上研究六因。他认为六因表达了"在立敌对诤的语境中，从立论者立量论证到敌论者了悟对方的主张"③，所以从因果关系上构成了论辩的六元语用模式，只是"从施受关系上来揭示话语发出和接纳的施受过程，暂时排除了传输过程中必须遵守的规则"④。沈剑英认为从立论者和敌论者在言、义、智三者之间的因果关系来看，可勾画出六元语用模型，如图 3-2 所示。

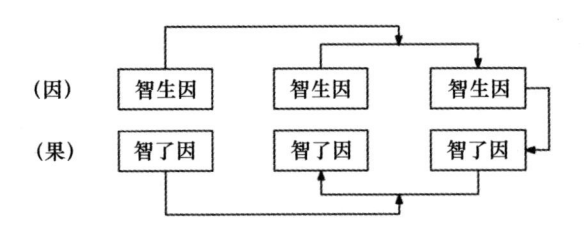

图 3-2 沈剑英的六元语用模型图示

---

① 参见陈望道《因明学概略》，载释妙灵主编《真如·因明学丛书》，中华书局 2006 年版，第 49 页。陈大齐《因明入正理论悟他门浅释》，载释妙灵主编《真如·因明学丛书》，中华书局 2007 年版，第 47 页。石村《因明述要》，载释妙灵主编《真如·因明学丛书》，中华书局 2006 年版，第 145 页。

② "论辩的六元语用理论及其模型"：沈剑英认为因明唐疏中的"六因说"即论辩的六元语用理论及其模型，并对此作了具体的阐述。（参见沈剑英《佛教逻辑研究》，上海古籍出版社 2013 年版，第 321—326 页。）

③ 沈剑英：《六因理论探析》，北大因明论坛第二讲讲稿，第 6 页。

④ 沈剑英：《六因理论探析》，北大因明论坛第二讲讲稿，第 7 页。

与沈剑英一样，张忠义也是从语用的视角研究"六因说"的。张忠义认为"六因说"刻画的是"立、敌对扬过程中表意（编码）与解意（解码）的一般模式"①。不同的是，张忠义勾画的六因论证模式如图3-3所示。

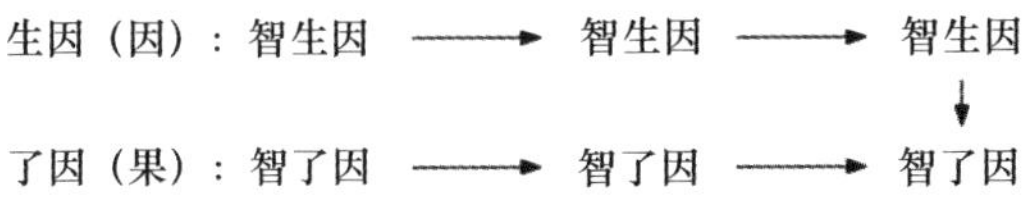

```
生因（因）：智生因 ——→ 智生因 ——→ 智生因
                                    ↓
了因（果）：智了因 ——→ 智了因 ——→ 智了因
```

图3-3　张忠义的六因论证模式图示

显然，从图示上看，张忠义和沈剑英在生因的看法上是一致的，但对了因，他与沈剑英的看法是完全相反的。沈剑英认为了因的因果关系是由言产生义，言和义共同作用产生智。张忠义则认为了因是由智产生义，再由义产生言。其实，如果仅仅是从言、义、智三者之间的衍生关系来看，的确是由智产生义，由义生出言，智是言和义的因，言是义和智的果。这也是我们从认知到语言表达的一般次第。但是在"六因说"中，如果是从敌论者的了因视角来分析，那么了因的认知起点应该是言生因，当敌论者在听到或看到立论者所立的论式时，言生因即刻转化为言了因，敌论者的认知对象即为言了因，也就是立论者所立的论式。在智了因的作用下，敌论者生起了对言了因的认识即义了因。窥基也说"言、义二了因为智了因因，非为智了果"②，所以说，沈剑英给出的六元语用模型图示与窥基的看法更为接近，但沈剑英并未明确解释"→"所表达的关系，而是默认"→"表达的是窥基所说的因果关系。

与其他人不同的是王恩洋给出的六因图示解释（见图3-4），首先，王恩洋在图示中赋予了"→"以具体的意义——"→"表示

---

① 张忠义：《因明蠡测》，人民出版社2008年版，第256页。
② （唐）窥基：《因明入正理论疏》，CBETA 2024. R1，T44，no. 1840，p. 102a 20-21。

三种关系：第一，"起"即生起，产生；第二，"了"即了悟，认识，认知；第三，"显"即显示，表达。其次，王恩洋并没有将六因的六个要素全部标示出来，而是以言、义、智作为主要分析对象。这是因为王恩洋认为，因明本身是"智起、言生、义了因果之说"[①]。从当前学界关于"六因说"的研究成果来看，王恩洋的图示并没有引起大家足够的关注。当然，王恩洋定义"→"的表达关系中，也存在不清晰的地方。比如说，没有明确"言"指的是言生因还是言了因，"义"指的是义生因还是义了因。

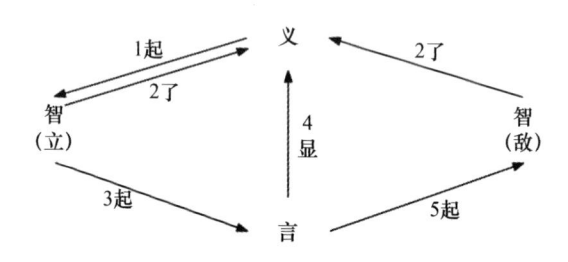

图 3-4 王恩洋的六因图示

三　六因论证机制图示

因明唐疏论证由论辩孕育而生，同时也时刻为论辩服务。《瑜伽师地论》《显扬圣教论》等提到因明的七项内容，又称为"七因明"，分别是"论体、论处所、论据、论庄严、论负、论出离、论多所作法"[②]。"论体"即立论的自体，是立论者所给出的论式；"论处所"即指论辩发生的地点，因明中认为论辩多发生在王宫、执理家（法官）、贤哲等处；"论据"即论证的依据，即能立、现量和比量等；"论庄严"即在论辩前对双方的主张都要通晓；"论负"即谬误，是错

[①] 王恩洋：《因明入正理论释》，载沈剑英主编《民国因明文献研究丛刊（全24辑）16（清净、王恩洋的因明著作）》，知识产权出版社2015年版，第344页。

[②] （唐）窥基：《因明入正理论疏》，CBETA 2024.R1, T44, no. 1840, p. 96a5-6。

误的论证和错误反驳;"论出离"是指在论辩之前判定论题是否有价值,观察听众是否适合,审视自身是否具备论辩的条件;"论多所作法"是指立论者的资格。① "七因明"是对因明论辩内容的具体介绍。由此可见,因明唐疏论证源于论辩。六因论证机制将因明唐疏论证置于论辩之中,着重探讨与论证本身息息相关的"论体""论据",而省略了"论处所""论庄严""论负""论出离""论多所作法"的讨论,这使因明越来越关注论证本身,同时又不至于脱离论辩语境。

六因论证机制描述的是从立论者提出论证到敌论者理解、接受论证的整个动态过程。立论者了悟宗义,继而提出论证(因支和喻支)证成宗义,敌论者通过立论者给出的论证理解了论证所表达的意义,并接受立论者所立宗义。这一过程,包含了明确对立的两种立场,即以立论者为主的辩护立场与以敌论者为主的质疑立场。因此可以说,从生了二因来看,因明唐疏论证是在对立语境之下进行的。从言、义、智划分二因,是为了刻画论辩交流中,认知主体如何以名相进行有效交流。据以上分析,笔者给出六因论证机制的图示,见图3-5。

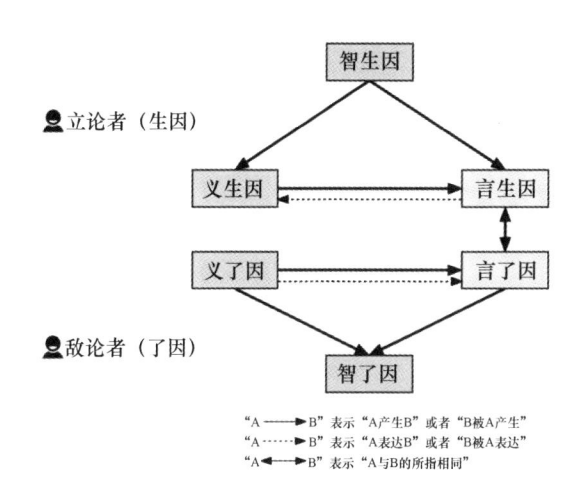

"A ——→ B"表示"A产生B"或者"B被A产生"
"A ┈┈→ B"表示"A表达B"或者"B被A表达"
"A ←——→ B"表示"A与B的所指相同"

图3-5 六因论证机制图示

---

① [日]武邑尚邦:《印度大乘唯识宗"七因明"学说的逻辑特征》,顺真译,《毕节学院学报》2010年第7期。

在该图中，需要说明的是，六因论证机制是在具有对立立场的论辩情境之中使用的。因明唐疏以立论者的生因和敌论者的了因表示立敌对立关系。六因之间的因果关系具体表现为产生与被产生的现实因果关系。具体来说，立论者的智生因产生了义生因，在智生因的作用下，立论者通过义生因产生了言生因；敌论者则是当敌论者听到或看到立论者的言生因，言生因则转化为言了因，所以在这个意义上看，言生因和言了因所指的对象都是一样的，都是指立论者给出的论证。立论者所给的论证产生了敌论者的智了因和义了因，即立论者的论证启发了敌论者，使敌论者生起义了因，最终得到开悟。

言和义之间的关系是表达与被表达关系，言表达了义。从逻辑哲学的角度来看，对于语言和意义的关系解读关乎到对"真"的理解，也就是关乎到因明论证判定真似的标准问题。在因明唐疏中，言、义之间的关系被置于六因体系之下解读，从立论者以言表义到敌论者以言解义，因明唐疏似乎更注重的是言、义在立敌对辩中的沟通作用，换言之，言、义相符能够实现有效沟通，即能实现悟他。但由于认知主体的不同，同样的言根据认知主体受教育程度不同、知识背景不同、心理认知不同等因素，所理解的义不完全一致，如果立论者无法开悟敌论者，便会产生谬误。因此，如何保证敌论者理解论证所表达的意义与立论者提出论证所表达的意义是一致的，成为研究因明论证合理性的关键问题。

我们可以通过一个简单的例子，来厘清在因明论辩中唐疏六因论证机制是如何运行的，进而显示立敌在各自的立场上的思维认知过程。假设，立论者要说明"声无常"的道理。声为何是无常的呢？在智生因的参与下，立论者经过思考，找到能够证成"声无常"的理由，即产生义生因——在具有无常性质的一类事物中存在具有所作性的事物，比如瓶子等，并且在所有不具有无常性的事物都不具有所作性，比如虚空等。加之，声是所作的，所以声是无常的。最后，立论者组织语言进行论证，即立论者立三支论式建立论点："声无常（宗）"，并为此提出论证即言生因："所作性故（因）。若是所作皆是无常，如瓶等（同喻）；若是常住皆非所作，如虚空等（异喻）"。敌论者听到或看到论证，言生因便转换为言了因，因支和喻支所表达的意义即成为义了因，敌论者根据言了因和义了因产生智了因，因而了悟到"声无常"的宗义。

为了更清晰地表述，笔者用图表说明（见表3-2）：

表3-2　　　　　　　　　六因论证机制示例

论辩主体	论证机制	以"声无常，所作性故"为例
立论者	智生因	立论者认为：
	义生因	在具有无常性质的一类事物中存在具有所作性的事物，比如瓶子等，并且在所有不具有无常性的事物中都不具有所作性，比如虚空等。因为声是所作的，所以声是无常的。
	言生因/言了因	立论者用三支论式表达论证： 宗：声无常 因：所作性故 喻：若是所作皆是无常，如瓶等（同喻） 　　若是常住皆非所作，如虚空等（异喻）
敌论者	义了因	敌论者和证义者思考：
	智了因	声是所作的吗？所有具有所作性的事物都具有无常性吗？瓶既是所作的又是无常的吗？不具有无常性的事物都不具有所作性吗？虚空既不是无常的又不是所作的吗？

从图表来看，立论者和敌论者的交涉主要在言因上，对言因的不同理解或解释，是立敌进行对辩的主要原因。因此，如何保证敌论者理解的义与立论者的言所表达的义是一致的，是立论者提出论证的关键，也是敌论者判定立论者论证真似的关键。窥基认为义因有三相，即为因三相，是立论者提出论证的规则，也是敌论者判定论证真假的依据。

第 四 章

因明唐疏论式

在回答因明唐疏是如何保证敌论者理解的义与立论者的言所表达的义是一致的这一问题之前，我们先来看看因明唐疏采用何种论式进行论辩。因明唐疏的注疏对象是《门论》和《入论》，因此，因明唐疏的论证形式沿袭陈那新因明的传统，即在论辩中使用三支论式进行论证。纵观因明史，论辩多使用五支论式，直到陈那改革古因明，创立新因明，才明确使用三支论式。那么，陈那为什么要在论辩中改五支论式为三支论式呢？三支论式的实质是什么？因明唐疏论证理论是如何应用三支论式的？在三支论式之后，论式是否有新的发展？因明唐疏与此有何不同？

第一节 论式的发展历程

五支论式是陈那改革之前古因明惯用的论式，其结构包括"宗—因—喻—合—结"。五支论式本身存在一个演变历程，但本质上，五支论式的性质仍是从特殊到特殊的类比推理形式。采用类比推理形式进行对辩，既有优点又有缺点，为了扬长避短，陈那新因明改五支论式为三支论式。因明唐疏则继承了陈那新因明的论证形式——三支论式。

一 从五支论式到三支论式

古因明论辩多使用五支论式。周文英在《印度逻辑推论式的基本性质》中提到印度最早阐述逻辑问题的著作是《政事论》和《卡那迦本集》（《遮罗迦本集》）。[1] 其中，《遮罗迦本集》存有对五支论式最早的说明——"所谓立量就是根据因、喻、合、结来证明其宗"[2]。此后在《正理经》中也有记载："论式分宗、因、喻、合、结五部分。"[3] 可见，五支论式在当时已有了较普遍的运用。

古因明时期，五支论式虽在表达形式上存在少许差异，但从推理形式上看，由因支、喻支、合支到结支的过程是类比推理。从现有文献来看，最早记述五支论式的是《遮罗迦本集》中关于数论的五支论式，形式如论式4.1[4]所示，该五支论式表达的类比推理是由"虚空"既是"非所作"的又是"常住"的，且"神我"是"非所作"的，所以与"虚空"类似，"神我"也是"常住"的。而在正理派的《正理经》中，五支论式被表述为论式4.2[5]，该五支论式表达的类比推理是由在"灶"上既"有烟"又"有火"，且"此山""有烟"，所以与"灶"上类似，"此山""有火"。这两个五支论式，从推理形式来看都是类比推理，不同的是，论式4.1的喻支和合支在论式4.2中被合并表述为喻支。从论式4.1到论式4.2，喻支的功能在加强，合支的功能在弱化，合支的功能已然被喻支取代。

---

[1] 参见周文英《印度逻辑推论式的基本性质》，载《因明新探》，甘肃人民出版社1989年版，第68—69页。
[2] 沈剑英：《佛教逻辑研究》，上海古籍出版社2013年版，第581页。
[3] "宗就是提出来加以论证的命题（即所立），因就是基于与譬喻具有共同的性质来论证所立（宗）的，即使从相反的喻上来看也是同样。喻与所立同法是具有（宗的）属性的事例（同喻），或者是与其（宗）相反的事例（异喻）。合就是根据譬喻说它是这样的或者不是这样的，再次成立宗。结就是根据所叙述的理由将宗重述一遍。"（参见沈剑英《佛教逻辑研究》，上海古籍出版社2013年版，第656页。）
[4] 沈剑英：《佛教逻辑研究》，上海古籍出版社2013年版，第581页。
[5] 汤用彤：《印度哲学史略》，上海人民出版社2015年版，第127页。

到了新正理派,"虽然坚持采取五支作法,其本质已与新因明的三支作法无异,在喻支中也是以普遍命题为喻体、以事例为喻依,从而成为演绎与归纳相结合的形式"①。

> 论式 4.1
> 宗:神我常住。
> 因:非所作性故。
> 喻:如虚空。
> 合:虚空既为非所作(而常住),神我亦然。
> 结:神我常住。

> 论式 4.2
> 宗:此山有火。
> 因:以有烟故。
> 喻:如灶,于灶见是有烟与有火。
> 合:此山如是(有烟)。
> 结:故此山有火。

在世亲的五支论式中,喻支的功能被进一步加强。《如实论》中记述了世亲的五支论式,形式如论式 4.3②。张忠义认为,世亲五支论式的喻支"若有物依因生是物无常",从结构上看是假言命题,因此,从推理形式上说,世亲的五支论式已经具有了演绎推理的成分,即喻支和因支是通过"若有物依因生是物无常","声"是"依因生",得出结支为"声无常"。但从世亲五支论式的形式来看,仍然是以类比推理为主,即根据"若有物依因生是物无常","声"是"依因生",与"瓦器""依因生"则"无常"相类似,所以"声"

---

① 彭漪涟、马钦荣主编:《逻辑学大辞典》,上海辞书出版社 2004 年版,第 235 页。
② [印度] 世亲:《如实论》,CBETA 2021. Q1, T32, no. 1633, p. 35b18 – 23。

是"无常"。

> 论式 4.3
> 宗：声无常。
> 因：依因生故。
> 喻：若有物依因生是物无常，譬如瓦器依因生故无常。
> 合：声亦如是。
> 结：故声无常。

二　五支论式的优缺点

从论式 4.1、论式 4.2 到论式 4.3，古因明五支论式虽然有所发展，但在推理形式上仍是从特殊到特殊的类比推理，一般逻辑上"从映射性、相似性和语用性三个方面来判定类比推理的性质"[①]。比如说在论式 4.2 中，与"灶"上"有烟"且"有火"相似，"山"上也"有烟"，所以"山上"也"有火"。从映射性上说，"有烟"的"灶"能够对应"有烟"的"山"，现在"灶"上"有火"，所以相对应地，"山"上也"有火"；从相似性上看，是说"山"与"灶"相似，两者都"有烟"，现在"灶"上"有火"，所以相似地，"山"上也"有火"；从语用性来看，是通过认知主体理解"灶"上因为"有烟"所以"有火"的关系，且知道现下"山"上"有烟"，进而得知"山"上"有火"。虽然从这三方面出发能够帮助我们更好地判定具有类比推理形式的五支论式，但是由于类比推理本身具有或然性，不具备必然得出的形式，因此，在论辩中总是会处于无休止的相互诘难中，为此陈那总结了十四种古因明论师在论辩时出现的错误的诘难即"十四过类"，文轨对此作有专门的注疏，即《因明论理门十四过类疏》。

[①] 金立、赵佳花：《逻辑学视域下的类比推理性质探究》，《浙江大学学报》（人文社会科学版）2015 年第 4 期。

首先,从类比推理形式的相似性来看,陈那所说的"同法相似过类""异法相似过类""分别相似过类""无异相似过类"等错误的诘难,都表现为质难者用五支论式过度夸大类比对象的相似性。比如,针对"声无常,无质碍性故",敌论者却因"声"和"虚空"都具有"无质碍性",而说"声"与"虚空"绝对相似,所以只要"虚空"具有"常性",那么,"声"必然具有"常性",即为同法相似过类;因"瓶"具有"有质碍性",便说"声"具有"无质碍性",从而"声"和"瓶"完全不一样,所以只要"瓶"具有"无常性",那么,"声"必然具有"常性",即为异法相似过类;分别相似过类类似于同法相似过类和异法相似过类,不过是敌论者没有以"无质碍性"或是"有质碍性"为准,而是说由于"声"和"虚空"都是"不可烧、不可见","声"与"虚空"绝对相似,因此只要"虚空"具有"常性",那么,"声"必然具有"常性",或者说,由于"瓶"是"可烧、可见","声"是"不可烧、不可见",就说"声"和"瓶"完全不一样,因此只要"瓶"具有"无常性",那么,"声"必然具有"常性"。无异相似过类在前三种的错误的基础上绝对化相似性,说"瓶"与"声"在所有的属性上都没有差别、完全相似,因此,用"无质碍性"证"无常"与用"无常"证"无常"也是一样的,"无质碍性"可以证"无常"也一样可以证"常"。

其次,从类比推理形式的映射性来看,陈那所说的"可得相似过类""犹豫相似过类""义准相似过类""所作相似过类""生过相似过类"等错误的诘难,都表现为质难者用五支论式无法形成结构上的类比对应关系。比如,针对"内声无常,勤勇无间所发性故","勤勇无间所发性"是指用力不断敲击所产生的声音,简称为"勤发性"。敌论者说"电""光"等不具有"勤发性",也能具有"无常性",所以"勤发性"并不一定能证成"无常性",或者说,"外声"并不具有"勤发性",所以"内声"不具有"勤发性",即为可得相似过类;由"勤发性"分为显义和生义,"无常"也分为显义和生义，以"勤发性"证"无常"，是用"勤发性"的显义还是生义在证"无常"的显义还是生义？所以，无法用"勤发性"证"无常"，即为犹豫相似过类；质难者说既然具有"勤发性"的都是"无常"，那非"勤发性"的都应该是"常"，即义准相似过类。再比如说，针对"声无常，所作性故"，质难者说"瓶"是用玻璃"所作"的，"声"是用咽喉"所作"的，两者是完全不一样的，而"瓶"是"无常"，所以，"声"不是"无常"，即所作相似过类；质难者以"瓶"是"无常"，无因以成，而否认"瓶"具有"所作性"，"所作性"皆为"无常"，即生过相似过类。

最后，从类比推理形式的语用性来看，陈那所说的"无因相似过类""无说相似过类""无生相似过类""至非至相似过类""常住相似过类"等错误的诘难，表现为质难者无法以五支论式的类比形式从认识上建立因果关系。比如，针对"声无常，勤发性故"，质难者认为在立宗"声无常"前，没有所立宗，何来能立因，在立宗时，所立宗未完全形成，能立因处于似是而非的状态，立宗后，所立宗已成，又何须能立因来成立，因此说立宗三时都无因，即为无因相似过类；无说相似过类是说在没有说出"勤发性"因时，因支是不存在的，那么宗支上的"声无常"就并非"无常"的；无生相似过类是说"声"在没有产生之前，是没有"勤发性"因的，因而"声"就不具有"无常性"，所以"声"为"常"；至非至相似过类是说质难者认为能立因"勤发性"在证成所立宗"声无常"的过程，如果因能够证成宗，那么因与宗就相合无异了，就没有能立与所立的区分了，如果还没有证成，那么因又是谁的因呢？所以无论因能不能证成宗，都是有问题的；常住相似过类是说，质难者认为根据"声无常"的宗，应可知"声"与"无常"之间具有恒常不离的关系，那么事物与其属性之间便具有恒常不离的关系，所以"声"也是"常"的。

之所以会出现以上陈那总结的十四种类别的错误，是因为五支论式从特殊到特殊的类比形式本身具有或然性，容易被诘难。为了避免上述问题，许春梅认为至少要解决三个问题：第一，具体事物相关性问题；第二，从特殊到特殊的推理何以可能的问题；第三，物理世界与认知世界间的矛盾问题。事实上，这也是分别从类比推理形式的相似性、映射性和语用性三个方面来甄别的。"十四过类本质上是对类比推理本身所存在缺陷的诘难。由于这些诘难本身也是基于类比推理，因而难逃类比推理的反噬。"[①] 因此，改革古因明五支论式成了历史的必然。

那是不是说具有类比推理形式的五支论式就没有任何可取之处了呢？显然，陈那不是这样认为的，因为在三支论式中，陈那保留了喻支上的喻依，尤其要求必须举出同喻依，也就保留了五支论式中的喻支功能，那么五支论式的喻支或者说三支论式中的喻依究竟具有怎样的功能呢？

比如论式4.2（见前文第112页）中，喻支给出例证"灶"，并表明"于灶见是有烟与有火"，即从事实来看，"灶"上"有烟"又"有火"。类似地，"此山如是有烟"，所以"此山有火"。虽然五支论式的类比形式本身不是有效的推理形式，不具有保真性，但是类比的形式能够使论辩主体根据类比对象的相似性、类比对象性质上的对应关系实现主体认知。这就是说，三支论式中的喻依虽然没有明确表明在"灶"上"烟"与"火"之间具有何种关系，但是却隐含着表达了"此山"类似于"灶上"，此前在"灶上"看到"有火"且"有烟"，现在主体能够看到"此山有烟"，那么便能够认识到"此山有火"。因此说，陈那在三支论式中保留喻依，实际上，是为了保留五支论式中类比形式的认知功能。

三　三支论式之后发展的论式

因明唐疏传承了陈那新因明早期思想，以三支论式作为说理形

[①] 许春梅：《从十四过类角度探究新因明的创新与贡献》，《世界宗教文化》2020年第3期。

式。受《集量论》的影响，法称传承了陈那后期因明思想，在三支论式的基础上进一步发展，区分了用以自悟的论式——三支论式和用于悟他的论式——法式（同法式和异法式）。藏传因明则在法称的影响下，将法式应用于辩经，逐渐衍生出具有反驳功能的应成式。

（一）法式

在法称看来，"比量"也可以按照开悟的对象，分为具有自悟功能的"自义比量"和具有悟他功能的"他义比量"。自义比量的语言形式仍然为"宗—因—喻"三支论式，他义比量的语言形式为"法式"，"特指在自我与他者的语言交流过程中所进行的推理模式"①，如法式4.1②

> 法式4.1
> 标准大前提：若所作者见彼无常，如瓶。
> 小　前　提：声是所作。
> 结　　　论：所以，声无常。

> 论式4.4
> 宗：声无常。
> 因：所作性故。
> 喻：若所作者见彼无常，如瓶等（同喻）。
> 　　若是常住见非所作，如虚空等（异喻）。

法称认为法式有两种，一种是同法式，另一种是异法式。"除量

---

① 汪楠：《百年中国佛教量论因明学量式研究述评》，硕士学位论文，贵州大学，2017年。
② 汪楠：《试论〈正理滴论〉为他比量的演绎性》，载郑堆、光泉主编《因明》（第十辑），甘肃民族出版社2017年版，第43—51页。

式不同外，二者之间，都无少许实质差异。"① 法称认为，同法式和异法式之间没有实质上的差异，同法式是将三支论式的同喻作为"标准大前提"②，而异法式是将异喻作为"标准大前提"。

但法式与三支论式最大的不同是，其言说顺序正好同三支论式是相反的。比如说法式 4.1 与论式 4.4，两者都要证成"声无常"，论式 4.4 是"宗—因—喻"的结构，而法式 4.1 则是"喻（同喻）—因—宗"的结构。由于法式的言说顺序与亚里士多德三段论相似，因此，与三支论式相比，法式的结构与三段论更接近。

（二）应成式

藏传因明传承法称及其后学的因明思想，并逐渐发展出具有藏传特色的寺庙辩论活动——辩经。辩经最常用的论式是"应成式"，应成式起源于古印度，所谓"应成"，顾名思义就是"应该成为"，是为了说明对手接受了什么或者根据他的立场必须接受什么。15 世纪，格鲁派克珠杰·格勒贝桑将应成式与能破直接等同起来③，因此，应成式又称作应成驳论式或应成推论式，"是一种以子之矛攻子之盾的语言形式"④。具体来说，应成式本质上是二支论式，由宗支和因支构成。例如，宗因二支论式 4.1"声无常，所作性故"。其

---

① ［印度］法称：《正理滴论》，王森译，《世界宗教研究》1982 年第 1 期。

② 在《正理滴论》中，法称并没有给法式的各部分命名。学界为了将同法式、异法式和亚里士多德三段论进行比较，通常将法式"喻—因—宗"的结构，分别称为大前提、小前提和结论。事实上，法称的法式同亚里士多德的三段论存在很大的区别，尤其是"喻"，如此命名很容易忽略其中的差别。正因如此，笔者在此引用顺真关于"标准大前提"的观点。"法称的量式是'喻体+喻依'，我们对其界定的用语是'准大前提'，即已然证过而非待证之公理，这实质上体现了自义比量与他义比量内在性的必然联系，即现量—自义比量—他义比量是佛教逻辑的必然次第，他义比量的喻依实际上是自义比量的一个量果而已。"（参见顺真《佛教量论因明学"六因说"及其相关问题》，《因明（第一辑）》，甘肃民族出版社 2008 年版，第 61—67 页）一般称"准大前提"为"标准大前提"。

③ 参见张忠义《因明蠡测》，人民出版社 2008 年版，第 275 页。

④ 剧宗林：《藏传佛教因明史略》，载释妙灵主编《真如·因明学丛书》，中华书局 2006 年版，第 101 页。

中，"声"是宗前陈，"无常"是宗后陈，"所作性"是因，将其翻译为应成式4.1就是"声有法，应是无常，是所作性故"。应成式宗支由两部分构成，其中，"有法"即指宗前陈，是标识词，用以标识宗前陈，有时也可以省略。比如，祁顺来在《藏传因明学通论》中，将应成式表述为"声音（有法）应成无常，所作性故"，即表示"有法"是可以省略的。

> 二支论式4.1
> 宗：声无常。
> 因：所作性故。

> 应成式4.1
> 声有法，应是无常，是所作性故。

综上所述，从五支论式、三支论式到法式、应成式，论式在结构上发生了很大的变化。陈那改革五支论式为三支论式，去掉合支和结支，增设喻体，保留喻依。法称在陈那三支论式的基础上，根据开悟对象，进一步规范了论式的言说结构，认为"宗—因—喻"结构的三支论式属于自义比量，而"喻—因—宗"结构的法式属于他义比量。随着藏传寺庙如火如荼地进行辩经，逐渐发展出应成式用于反驳，实质上应成式是"宗—因"二支论式。在论式的发展过程中，因明唐疏继承陈那新因明早期思想，以三支论式作为论证结构，并为保证三支论式能够开悟他者，而进一步规范了三支论式的论证规则。虽然在因明唐疏中并没有发展出与法式和应成式相似的论式，但从构成要素上看，因明唐疏三支论式中的要素已经涵盖了法式与应成式的所有要素，法式和应成式作为用于实际论辩中的论式，在语言形式上越来越简化，但其论证规则并未因此而弱化。

第二节　构成因明唐疏三支论式的各要素

在论式上，为了避免古因明中类比推理导致的问题，因明唐疏继承了陈那因明三支论式。具体形式如论式4.4，将喻支分为同喻和异喻，保留了作为事例的喻依——"如瓶等""如虚空等"，并增加了能够表达具体事物之间相关性的普遍命题"若所作者见彼无常""若是常住见非所作"。从推理形式来看，从喻支、因支到宗支，三支论式包含两个推理，一个是根据同喻"诸所作性皆是无常"，因支"声是所作"，得出宗"声无常"；另一个是根据异喻"诸是常住皆非所作"，因支"声是所作"，得出宗"声无常"。这两个推理是等价的，都是演绎推理的形式，具有必然性。从推理形式来看，因明唐疏三支论式虽然具有演绎推理形式，但这并不意味着因明唐疏三支论式就是演绎推理。从因明唐疏三支论式的构成及运用来看，其本质并非演绎或归纳所能概括的，而是在涉及具体语境的论证型式。

为了方便解释因明唐疏的三支论式，我们将从因明唐疏的经典论式开始说起，即论式4.4（见前文第117页）。三支论式中的三支是指宗、因、喻，其中喻又分为同喻和异喻。"今者陈那因、喻为能立，宗为所立"，宗和因、喻之间是证明与被证明或者说是支持与被支持的关系，宗作为所立是指论证的论点、主张或者结论，因和喻作为能立是指论证的论据、理由或者前提。

一 宗支

在论式4.4中，宗支为"声无常"（见表4-1），由于古汉语特征省略了主词"声"和谓词"无常"之间的联结词"是"，因此，宗表达的命题为"声是无常"。其中主词"声"和谓词"无常"统称为宗依，将宗依联结称为宗体。窥基认为"一切法中略有二种：一体，二义"[1]，所有的概念大致可以按照体、义进行二分，体即事物，义即属性。宗支表达的命题即为体和义的结合，主词为体，谓词为义，宗的构成形式类似于传统逻辑中所说的定

---

[1] （唐）窥基：《因明入正理论疏》，CBETA 2024.R1, T44, no.1840, p.98b3。

义。体和义各有三种名称，体三名是指自性、有法和所别，义三名是指差别、法和能别。

表4-1　　　　　　　　　　宗支的结构

	主词	联结词	谓词
宗：	声	（是）	无常
	自性		差别
	有法		法
	所别		能别
	前（先）陈		后陈（说）

其中，特别地，在《大疏》中，窥基指出，自性和差别有三种功能：

> 今凭因明总有三重：一者局通。局体名自性，狭故；通他名差别，宽故。二者先后。先陈名自性，前未有法可分别故；后说名差别，以前有法可分别故。三者言许。言中所带名自性；意中所许名差别，言中所申之别义故。①

第一种功能是"局通"，局限在自体上的称为自性，能够贯通于他物间的称为差别。比如上述宗支"声无常"，"声"局限在被称为声的自体之上，不会贯通转移到其他事物上，因此，"声"是自性。"无常"并不只是在"声"上存在，还能够贯通转移到瓶、盆等其他事物上，因此，"无常"是差别。第二种功能是"先后"，宗支上在前面先陈述的是自性，在后面陈述的是差别。比如说上

---

① （唐）窥基：《因明入正理论疏》，CBETA 2024. R1，T44，no. 1840，p. 98b27 - c3。

述宗支，"声"是先陈述的，所以是自性，"无常"是后陈述的，所以是差别。第三种功能是"言许"，"除言所陈，余一切义解释差别"①，也就是说，语言文字表达出来的是自性，语言文字中暗含的意义是差别。比如说，"无常"作为语言表达出来的言陈是自性，"无常"在语言表达的言陈中所蕴含的一切意义都是意许。

在宗支上的自性称为有法，差别称为法。窥基认为，"法有二义：一能持自体，二轨生他解"②，先前陈述的自性，只能持体不能使他者解悟，即"能持自体"而不能"轨生他解"，因此不能称为"法"。差别是后来陈述的，用来说明先前所陈述事物的属性，目的是使他者解悟，也就是说，差别既"能持自体"又能"轨生他解"，因此说差别是"法"。又因为先前陈述的自性具有后陈所说的属性，因此，自性又称为"有法"。

此外，宗支上的自性也可以称为所别，差别也可以称为能别。这是因为立敌所争论的不是前陈的自性，而是后陈的差别，即立敌争论的是前陈是否具有后陈所说的属性，所以说前陈的自性是所别，后陈的差别是能别。

总的来说，因明唐疏阐释了宗的基本结构是主谓形式，主词表体，谓词表义。从自性和差别的称谓来看，宗能够用来表达立论者对一切事物性质的判断。从有法和法的称谓来看，立宗的根本作用在于"轨生他解"，即使他者解悟。从所别和能别的称谓来看，自立宗开始，立论者和敌论者的二元对待关系便开始存在。尤其是，从《大疏》以前陈和后陈来解读宗依概念，使宗依这个概念已经完全剥离内容，具有抽象化、形式化意义。

---

① （唐）窥基：《因明入正理论疏》，CBETA 2024.R1，T44，no.1840，p.129a5-6。

② （唐）窥基：《因明入正理论疏》，CBETA 2024.R1，T44，no.1840，p.98c5。

二 因支

因明唐疏三支论式中,因支为"所作性故"(见表 4 - 2),补充完整即"声是所作性故",由于"所作性"位于因支上,因此被称为因法。加之,"所作性"是宗有法"声"的属性,所以也称为宗法。因为宗支上的宗法是需要被证明或者被支持的属性,所以我们一般称宗支即宗体为所立宗,宗支上的宗法为所立法,而因支上的宗法是被用来证明或支持宗支上的所立法,所以我们一般称因支为能立因,因支上的宗法为能立因法或能立法。其实,宗支上的宗法和因支上的宗法存在很大的区别,宗支作为立论者提出的论点,宗有法是否具有宗法(所立法),即"声"是不是"无常",是立敌争论的对象,而因支作为立论者的立论依据,宗有法具有宗法(因法),即"声是所作"是立敌的共识,因明唐疏称为"共许极成",用立敌共许的法来论证不共许的法,即"以因体共许之法,成宗之中不共许法"[①],这是因明唐疏论证理论的内在要求,关于这点笔者在下文会有详细论述。

表 4 - 2　　　　　　　　　　因支的结构

	主词	联结词	谓词
因:	(声	是	所作性 因法(宗法)

三 喻支

"喻"即譬况,是用近似的事物来比照说明。无著在《阿毗达

[①] (唐)窥基:《因明入正理论疏》,CBETA 2024. R1, T44, no. 1840, p. 102c 9 - 10。

磨集论》中说："立喻者，谓以所见边与未所见边，和会正说。"①所谓"见边"，即"令宗成立究竟名边。他智解起，照此宗极名之为见"②，根据"喻"中比照说明的事物，能够使宗义得以成立的道理即称"边"，对方的智慧能够理解这个道理，称为"见"。

相较古因明，因明唐疏继承的新因明，将喻支分为同喻和异喻（见表4-3），要求同喻和异喻由喻体和喻依共同构成，喻体陈述的是因法和所立法之间的关系即"所作"和"无常"之间的关系，喻依是"瓶""虚空"等例证。这就是说，因明唐疏在喻支上并不是单举例证，而是在举出例证的基础上，阐述了因法与所立法之间的关系，同喻提出的是正面的论证即同喻体"诸所作皆是无常"，并给出正面的例子即同喻依"瓶"；异喻提出的是反面的论证即异喻体"若是常住皆非所作"，并给出反面的例子即异喻依"虚空"。古因明中喻只是举出了例证，就同喻而言，古因明只是举"瓶"为例，认为由于"瓶"与"声"相似，因此"声是无常"，并没有说明作为能立的"所作性"与作为所立的"无常"二者之间的关系，因此，并不能必然地得出"声是无常"的结论。所以，陈那指出古因明"同喻中不必宗法宗义相类，此复余譬所成立故，应成无穷"③，这就是说不谈喻体上的因法和所立法之间的关系，是很容易被敌论者诘难的，比如敌论者会反问为什么"瓶是无常"，立论者就要再举一例说明，如"盆"，那敌论者再问为什么"盆是无常"，立论者还要再举一例来说明，如此反复，无穷无尽。由此可以说，新因明在喻支上增加喻体是对古因明的重大突破，而因明唐疏继承了这一做法。

---

① ［印度］无著：《阿毗达磨集论》，CBETA 2024. R1，T31，no. 1605，p. 693c5-6。

② （唐）窥基：《因明入正理论疏》，CBETA 2024. R1，T44，no. 1840，p. 109a17-18。

③ ［印度］陈那：《因明正理门论本》，（唐）玄奘译，CBETA 2021. Q1，T32，no. 1628，p. 3a23-24。

表4-3　　　　　　　　　　喻支的结构

喻：若是所作皆是无常，如瓶等（同喻）。
　　　同喻体　　　　同喻依
　　　若是常住皆非所作，如虚空等（异喻）。
　　　异喻体　　　　　异喻依

四　涉及因明唐疏三支论式的其他概念

因明唐疏分析和阐发了涉及三支论式的其他概念。同喻依又可以称为同品，异喻依又可以称为异品。

> 若品与所立法邻近均等，说名同品，以一切义皆名品故。若所立无，说名异品。[①]

陈那依据是否具有所立法性质，可以划分同品和异品，具有所立法性质的称为同品，不具有的即为异品。喻依是喻体的例证，表达了喻体上的关系，所以说同喻依可以称为同品，异喻依可以称为异品。但并不是所有的同品都是同喻依，所有的异品都是异喻依。只有既具有所立法性质又具有因法性质的事物，才是同喻依；既不具有所立法性质也不具有因法性质的事物，才是异喻依。

因明唐疏中，自文轨《庄严疏》开始出现"因同品"的概念，文轨对这一概念的界定是对陈那"同品"概念的误读，净眼纠正了这一误判，窥基则明确了"宗同品""因同品"的定义，相应地，"宗异品""因异品"也得以明确。

---

① ［印度］陈那：《因明正理门论本》，（唐）玄奘译，CBETA 2024. R1, T32, no. 1628, pp. 1c29-2a2。

文轨解释《入论》"谓所立法均等义品，说名同品"① 时，认为《入论》同品定义与陈那《门论》"若品与所立法邻近均等，说名同品"是一致的，认为同品是具有所立法性质的事物。如文轨在解释《入论》"同品定有性"时提到，"'同品'者，即瓶等，如下释。'定有性'者，其遍是宗法所作性因，于瓶中定有其性，方是因相"②，"其"指前句所说的"宗法所作性因"，"同品"是指如"瓶"等中一定具有宗法"所作性"的性质，在此，文轨所说的"同品"，是具有所立法性质的事物。此后，文轨又说道：

"因"者，谓即遍是宗法因；"同品"谓与此因相似，非谓宗同，名同品也。③

瓶上所作与声上所作同，故名同品。④

"同品"的内涵似乎又发生了变化，文轨认为"同品"还需要与因法相似，不是说具有所立法性质的就是"同品"，这就与《门论》和《入论》所说的"同品"的内涵出现了差别。而在解释《入论》"谓若所作见彼无常"⑤ 时，他明确提到了"因同品"的概念，"'谓若所作'即前显因同品也，'见彼无常'即前决定有性也"⑥，同喻体中"若所作"就是前文所说的显示因同品，"见彼无常"就

---

① ［印度］商羯罗主：《因明入正理论》，（唐）玄奘译，CBETA 2024. R1，T32，no. 1630，p. 11b7 - 8。
② （唐）文轨：《因明入正理论文轨疏》，载沈剑英校补《敦煌因明文献研究》，上海古籍出版社2008年版，第327页。
③ （唐）文轨：《因明入正理论文轨疏》，载沈剑英校补《敦煌因明文献研究》，上海古籍出版社2008年版，第332页。
④ （唐）文轨：《因明入正理论文轨疏》，载沈剑英校补《敦煌因明文献研究》，上海古籍出版社2008年版，第338页。
⑤ ［印度］商羯罗主：《因明入正理论》，（唐）玄奘译，CBETA 2024. R1，T32，no. 1630，p. 11b14 - 15。
⑥ （唐）文轨：《因明入正理论文轨疏》，载沈剑英校补《敦煌因明文献研究》，上海古籍出版社2008年版，第333页。

是前文所说的显示"决定有性"。据此可以看出，文轨对《入论》"同法"的解释断句为"同法者，若于是处，显因同品，决定有性"。随着文轨对《入论》的注解，"同品"的概念逐渐偏离陈那对"同品"的定义，出现了"因同品"的概念。

实际上，《入论》称"同法者，若于是处显因同品决定有性"①，是对《门论》"由如是说能显示因同品定有、异品遍无"② 的进一步解释，两处虽然都有提到"显（示）因同品决定有性"，但这并不是"因同品"的出处，这里的"因"并不是指"因法"，而是指整个因支，是说能够显示因支"同品定有性"，即显示因支具足第二相。对此，净眼在《略抄》中，引《门论》破斥文轨的疏解，坐实了文轨的误判。净眼认为此句应该解读为：

> "若于是处"者，谓于瓶等处也。"显"谓说也。显说何事？谓"显因"也。显因何相？谓第二同品定有性也。若作此解，不违《论》文，亦无如上所有过失也。③

由此观之，净眼认为《入论》此句的准确断句应为"同法者，若于是处显因，同品定有性"，只有这样才不会偏离《入论》原本。

在接下来的分析中，文轨继续说道：

> 此谓随有有法处，有与因法相似之法，复决定有所立法性，是同法喻。此则同有因法、宗法名同法喻，若同有因法，宗法

---

① ［印度］商羯罗主：《因明入正理论》，（唐）玄奘译，CBETA 2024. R1，T32，no. 1630，p. 11b13－14。
② ［印度］陈那：《因明正理门论本》，（唐）玄奘译，CBETA 2024. R1，T32，no. 1628，p. 2c12－13。
③ （唐）净眼：《因明入正理论略抄》，载沈剑英校补《敦煌因明文献研究》，上海古籍出版社2008年版，第251页。

不同有者，虽名同法而非喻也。①

在此，文轨所说的"宗法"是指宗支上的所立法，"同法"则被定义为共同具有因法性质，相应地，在提到"异法"时，文轨又说"若但无因法即名异法者"，"异法"被定义为不具有因法性质。"同法"似乎又与"同品"概念可以等同。

或许，窥基在作《大疏》时，也发现了自文轨起"同品""因同品"与"同法"概念存在交叉，为了明确"同品""因同品"与"同法"的定义，窥基指出：

> 同品有二：一、宗同品，故《论》下云"谓所立法均等义品，是名同品"，二、因同品，下文亦言，"若于是处显因同品决定有性"，然《论》多说宗之同品名为同品，宗相似故。因之同品名为同法，宗之法故。②

同品有两种，一种是具有宗上所立法性质的事物，即宗同品，这与《门论》和《入论》中所说的"同品"定义是一致的；另一种是具有因法性质的事物，即因同品，也就是《入论》中所说的"同法"。自此，窥基用"宗同品"概念取代了《门论》《入论》中的"同品"概念，用"因同品"概念取代了"同法"概念。相应地，窥基也规范了"宗异品"和"因异品"的概念。

张春波在整理吕澂《因明入正理论讲解》时指出：吕澂在《因明纲要》中认为窥基《大疏》将同品分为因同品和宗同品是不对

---

① （唐）文轨：《因明入正理论文轨疏》，载沈剑英校补《敦煌因明文献研究》，上海古籍出版社2008年版，第332页。

② （唐）窥基：《因明入正理论疏》，CBETA 2024. R1，T44，no. 1840，pp. 103c 26-104a1。

的，是对"若于是处，显因同品决定有性"的误读。① 熊十力在《唯识学概论 因明大疏删注》中也同意吕澂的这一观点。② 所以，总体来看，"因同品"和"因异品"这对概念的出现的确是因明唐疏的误判，但这并不等于说，这对范畴一无所用。至少在窥基《大疏》的明确规范下，能够方便我们厘清因法与所立法之间的关系，后文将结合九句因来作进一步分析。

第三节 因明唐疏三支论式的实质

近代以来，学者们热衷于从形式上探索三支论式的性质，但却忽视了因明三支论式本身对格式的要求。因此，将因明唐疏三支论式置于论辩之中，从广义论证的角度看三支论式，不仅能够体现三支论式不同于三段论，还能显示因明唐疏三支论式的独特性。

一 因明唐疏三支论式中的概念层级

因明唐疏三支论式各要素的概念有严格的规定。而这些规定，正体现出了因明唐疏三支论式的独特性。从概念的体和义上看，因明唐疏三支论式中宗有法、同喻依、异喻依是体，即指事物自体，更多偏重的是概念的外延；所立法、因法是义，指属性，更多偏重的是概念的内涵。比如说，"鸟"这个概念，从它的外延来看，我们大多会以举例的方式来描述，如说鸟包括麻雀、喜鹊、黄鹂、乌鸦等不同类别的鸟；从它的内涵来看，我们大多会采用定义的方式来描述，比如说鸟是指有羽毛的卵生脊椎动物。值得注意的是，同喻依、异喻依虽然可以称为同品、异品，但是它们并不是同一层级的概念，品是指类，

---

① 吕澂：《因明纲要》，载释妙灵主编《真如·因明学丛书》，中华书局2006年版，第26页。
② 熊十力：《唯识学概论 因明大疏删注》，上海古籍出版社2018年版，第218—219页。

而喻依只是类概念中的具体所指，是类概念中的个体。比如说依据"会飞"的性质，能够划分出"会飞"的一类事物和"不会飞"的一类事物，这是在品即类概念上说的，"会飞"的有飞机、小鸟等，"不会飞"的有大象、轮船等，这就是在类概念之下具体所指。所以，同喻依、异喻依正如飞机、小鸟、大象、轮船等是具体所指，而同品、异品则如"会飞"的一类事物和"不会飞"的一类事物是类概念。从这一角度来考察喻依：从结构上看，喻支可分为喻体和喻依，喻体表达因法与所立法之间的关系，是两个义概念之间的关系，而喻依作为体概念，是义概念的载体，也是认知主体能够直接观察到义概念的场所。因此，抽象的义概念之间的关系需要通过体概念表现出来，而作为体概念的喻依是喻体表达义概念关系的载体。

因明唐疏三支论式中，宗支上虽然是"S 是 P"的表达形式，但实质上表达的是某事物自体具有某属性，类似于传统逻辑所说的下定义，是对具体事物所具有的某种属性的直接表达；因支的形式与宗支是一样的，也是表达某事物自体具有某属性；喻支中的喻体则是讨论两种属性之间的关系，喻依则是以事物自体为例证。因此，因明唐疏三支论式各要素中概念表达是体还是义并不是随意的。比如陈那在《门论》中解释对三支论式各要素体义规定的质难：

> 若以有法立余有法、或立其法，如以烟立火，或以火立触，其义云何？今于此中非以成立"火""触"为宗，但为成立此相应物。若不尔者，依烟立火、依火立触，应成宗义一分为因。[1]

陈那提出"以有法立余有法"（见论式 4.5）和"以有法立其法"（见论式 4.6）两个论式，陈那指出这两个论式要论证的并不是

---

[1] ［印度］陈那：《因明正理门论本》，（唐）玄奘译，CBETA 2024.R1, T32, no. 1628, p. 1c4-8。

"烟有火"和"火有热触",而是要论证"此山有火""此处有热触",即"成立此相应物",宗支的前陈作为有法必然是事物自体。此外,如果按照论式 4.5 和论式 4.6 进行论证的话,会犯循环论证的错误。即用烟来成立火,用火来成立热触,这是用宗上有法为因来成立宗,是不对的。因此,正确的论式应该是论式 4.5'和论式 4.6'。

论式 4.5
宗:烟有火。
因:有烟故。

论式 4.6
宗:火有热触。
因:有火故。

论式 4.5'
宗:此山有火。
因:有烟故。

论式 4.6'
宗:此处有热触。
因:有火故。

陈那的这一解释不仅表明三支论式各要素的概念构成有严格的体义规定,还表明在三支论式的宗支上,有法作为体概念必须具有时空意义。宗有法如何具备时空意义呢?陈那强调:

> 今于此中非以成立"火""触"为宗,但为成立此相应物。[①]

在质难者提出的论式 4.5 和论式 4.6 中,立宗并不是为了证成所立法上的"火"和"触",而是要证成宗有法具有所立法性质,也就是要证成那个具有火的性质的"相应物"和那个具有热触性质的"相应物",即宗有法所指称的"处所"。之所以称之为"处所",是因为陈那在解释因三相时,提及:

---

① [印度]陈那:《因明正理门论本》,(唐)玄奘译,CBETA 2024.R1, T32, no. 1628, p. 1c5–7。

若所比处此相审定，于余同类念此定有，于彼无处念此遍无。①

"所比处"即是从时空性上来强调宗有法为"处所"。马蒂拉（Bimal Krishna Matilal）借用思想实验来解释"处所"具有时空性。马蒂拉如是说，假设我们在思维世界中，将现实世界上每一个地方的水都整合到同一空间整体下，"水"是指代这一整体的单一术语。那么，我们可以以时空位置来划分"水"，比如说"河里的水""杯子里的水"。②商羯罗主的《入论》也遵从了关于陈那"处所"的解读——"同法者，若于是处显因，同品决定有性……异法者，若于是处说所立无"③，窥基即解"处"为处所。

从陈那到商羯罗主再到唐疏的注解，"处所"具有的时空性被传承了下来。而这对于在三支论式来说具有什么意义呢？从因明唐疏本身而言，这不过是对宗有法在概念上的规定，即宗有法作为体概念必须要有具体所指。然而，如果将因明唐疏三支论式与西方逻辑比较的话，或许，我们能由此发掘出因明唐疏三支论式的独特之处，即因明唐疏论证并不注重形式意义，而是关注当下，关注实质，关注自体。

二 因明唐疏三支论式与形式逻辑的比较

借助经典论式，我们了解到因明唐疏论式构成的相关术语。从这些术语来看，因明唐疏已经借助了类似于"主词""谓词"这样的形式化概念来理解论式，"跳脱出了具体内容上的探讨，而完全上

---

① ［印度］陈那：《因明正理门论本》，（唐）玄奘译，CBETA 2024. R1，T32，no. 1628，p. 3a4 – 5。

② "the term 'water' for water found in different spatio-temporal locations, as the river-water now is different from the water in this glass." (Bimal Krishna Matilal, "Introducing Indian Logic", Jonardon Ganeri, *Indian Logic: A Reader*, London and New York: Taylor & Francis Group, 2001, p. 208.)

③ ［印度］商羯罗主：《因明入正理论》，（唐）玄奘译，CBETA 2024. R1，T32，no. 1630，p. 11b13 – 17。

升到了逻辑的高度，形式化的高度"①。因此，从逻辑推理的视角，我们可以给出一般的三支论式形式：

假设 s 为有法，P 为所立法，M 为因法，a 为同喻依，b 为异喻依（小写表示体概念，大写表示义概念）。那么论式 4.4（见前文第 117 页）可以形式化为论式 4.4a：

> 论式 4.4a
> 宗：s 是 P。
> 因：(s 是) M 故。
> 喻：诸是 M 皆是 P，如 a 等（同喻）。
> 　　诸非 P 皆非 M，如 b 等（异喻）。

就喻体而言，从逻辑上看，同喻体和异喻体是等价的，因为"诸是 M 皆是 P"的逆否命题是"诸非 P 皆非 M"。如果在不考虑喻依的情况下，以同喻体为例，同喻体和因作为前提能够必然地得出结论宗，因为从前提"凡 M 皆是 P"和"s 是 M"中，能够必然得出"s 是 P"，这样的推理形式类似于亚里士多德三段论中的 AAA$_1$ 式。在国内外比较研究初期，大多数学者都是这样认为的。但值得注意的是，我们给出三支论式类似于亚里士多德三段论 AAA$_1$ 式的结论，是建立在以下三点预设上的。第一，在不考虑三支论式中喻依的情况下，即 a 和 b 并不属于我们的比较范畴；第二，需要改变三支论式的形式，将"宗—因—喻"三支的顺序改为"喻—因—宗"；第三，将三支论式的喻支作为大前提时，只能选取同喻体或异喻体中的某一个作为大前提。由此观之，如果要使因明唐疏三支论式与亚里士多德三段论 AAA$_1$ 式相似，还需要建立在诸多预设之上，而这些预设使得因明唐疏三支论式失去了本身所具有的独特性，也似乎有点迫使因明唐疏三支论式削足适履。沙耶尔（Stanidlaw Schayer）在《印度逻辑研究》一文中也指出，我们不能强行比较印度论式

---

① 许春梅：《陈那因明的为自比量与三段论比较研究》，《法音》2020 年第 5 期。

（因明论式）与亚里士多德三段论，正如我们透过传统三段论的格式来看印度论式（因明论式）是相当困难的。①

基于此，近现代学者企图通过现代逻辑的其他理论来解释因明论式。比如，沙耶尔作为卢卡西维茨的学生，他尝试将印度论式（因明论式）解释为一种自然演绎形式，是对替换规则和消除规则的使用。沙耶尔以五支论式为例，认为五支论式中的合支使用了替代规则，喻支使用了分离规则。张忠义也认为陈那因明三支论式的喻支遵循"说因宗所随，宗无因不有"②，这与分离规则非常相似，甚至说，"从逻辑的角度看，它的作用要比因三相更重要"③。再比如，巫寿康从数理逻辑视角分析三支论式中的概念及推理规则，等等。尽管他们采用形式逻辑方法为解释因明论式进行了各种尝试，但总是会受到质疑。大多数质疑者的焦点在于以形式化的方式解释因明，往往会忽略因明论式所具有的语用和认知功能。

当代论证理论研究者范爱默伦在与布莱尔的交流中谈道：

> 在分析论证结构时，逻辑取向的论辩学者主要勾勒论证结构的逻辑模型，而语用取向的论辩学者则主要勾勒论证互动中的各种理由的功能。④

显然，如果仅仅从形式逻辑视角来看，三支论式可以转化为亚里士多德三段论 AAA_1 式，可以进行形式化。但是，三支论式作为论辩中的使用范式，追求的并不只是形式有效性，而更多地在于明理、明

---

① Stanidlaw Schayer, "Studies in Indian Logic", Jonardon Ganeri, *Indian Logic: A Reader*, London and New York: Taylor & Francis Group, 2001, pp. 95 – 96.

② ［印度］陈那：《因明正理门论本》，（唐）玄奘译，CBETA 2024. R1, T32, no. 1628, p. 2c3。

③ 张忠义：《因明蠡测》，人民出版社2008年版，第99页。

④ ［荷］范爱默伦等：《论证理论手册》，熊明辉等译，中国社会科学出版社2020年版，第22页。

因，关注语用取向和认知取向，也就是要在论辩中理性地说服对方，使对方欣然接受立论的观点，并能够最终通过开悟他者进而达到普度众生，实现解脱。因此，因明唐疏关于论证分析与评价的立场偏向"语用取向的论辩学者""主要勾勒论证互动中各种理由的功能"。

三 因明唐疏三支论式与非形式逻辑的比较

论证型式是 20 世纪五六十年代批判性思维与非形式逻辑运动的成果之一，以自然语言中的论证为研究对象，是"日常论说中频繁使用的固化了的推理模式"①，是论证理论研究的核心。与形式逻辑中所关注的"形式"不同，非形式逻辑中所说的论证"型式"更多地关注论证结构之外的语用因素。因此，有学者总结说：

> 形式与型式的不同在于，形式的逻辑性通过其自身的形式结构就能得到完美的展示，是自足的；而型式则需要考虑到其自身结构之外的其他制约性因素才足以显示其逻辑性。再者，在论证形式中，一个论证只要满足了形式的有效性，我们就认为该论证是有效的；但是在论证型式中，仅凭其结构并不能保证结论的合理性，我们还需要考虑与型式相对应的批判性问题是否得到了解决。②

此外，也有学者从修辞学、语用—论辩学、非形式逻辑、人工智能等③方面界定了论证型式的定义。总的来说，从非形式逻辑视角分析论证，实质上是在分析论证型式，论证型式总是出现在一定的对话语境之中，不仅包括论证的形式，同时也包括论证之外的语用因素。

---

① 武宏志：《论证型式》，中国社会科学出版社 2013 年版，第 3 页。
② 张斌峰、侯郭垒：《论证型式的特征及其功能》，《湖北大学学报》（哲学社会科学版）2018 年第 6 期。
③ 武宏志：《论证型式》，中国社会科学出版社 2013 年版，第 46—52 页。

(一) 因明唐疏三支论式与论证型式

从非形式逻辑论证型式的基本构成来看，因明唐疏论式与之具有很多相似性，但也存在些许差别。首先，在论证语境方面，论证型式发生在一切可能的对话交流语境之中；因明唐疏论式则发生在论辩语境之中，是论证型式语境中的一种特殊语境。其次，在论证的结构上，论证型式可以是演绎推理形式，也可以是归纳推理形式，或者是多种推理形式的结合；因明唐疏论式则要求三支论式必然是"宗—因—喻"的形式，但是根据主体的认知情况，可以灵活运用，予以省略。最后，在论证的制约性条件方面，论证型式关心论证前提之所以成立的依据，以及前提对结论的支持程度；因明唐疏论式以因三相作为论证规则，以认知上的逻辑因果关系作为前提到结论的支持，以实现了悟为目的。相较于形式逻辑，非形式逻辑下的论证型式具有更大的包容性，既关注论证的语形，同时也关注论证在语义、语用等方面的要求。因此，借以分析论证型式要素的思路来分析因明唐疏三支论式，是完全可行的。

从论证型式的定义来看，因明唐疏三支论式和论证型式都是一种语用结构。"论证型式是由该论证的形式和与之相对应的制约性条件两部分组成"[①]，所谓的"制约性条件"即与之相关的批判性问题。武宏志在《论证型式》一书中，依据不同视角的论证型式定义，总结概括出论证型式的七个特征[②]，认为"论证型式只有保权性（entitlement-preservation），即前提可接受时，在缺少削弱或颠覆性证

[①] 张斌峰、侯郭垒：《论证型式的特征及其功能》，《湖北大学学报》（哲学社会科学版）2018 年第 6 期。

[②] "反复出现于多主体对话或言语交互活动中；反映某种文化中的共识和共享价值；用于确立或攻击某一命题，即说服与反驳；有一种不同于演绎或归纳推理的假设性推理的论证结构；其结构是半形式的，可接受性的传递取决于可用批判性问题反映的具体语境和例外条件，因而具有语用性；核心是可废止条件句或可废止推论规则；得出暂且可接受的结论（假设），因而转移证明责任。"（参见武宏志《论证型式》，中国社会科学出版社 2013 年版，第 52 页。）

据的情况下，人们有权利得出暂时的结论"①。因明唐疏一再强调"用已许法，成未许宗"②，"因体共许之法，成宗之中不共许法"③……并以"共许极成"作为论证规则，保证论证的可接受性。两者都强调"可接受"，在论辩语境之下要求论证的展开必须建立在双方的共识之上，用双方都认可的理由来论证各自的主张。而这与《新修辞学》中提出的观点是一致的，佩雷尔曼（Chaïm Perelman）和奥尔布莱希茨 – 泰提卡（Lucie Olbrechts-Tyteca）认为，论证要从听众接受的前提出发，要关注听众对争议立场是否认同，要以是否能够有效说服目标听众作为衡量论证的标准。④

从论证型式的基本结构来看，在论辩活动中，因明唐疏三支论式的结构是固定的。论证型式根据对话语境的不同，所采用的结构也是不同的。论证型式有四种基本结构，分别是序列结构、发散结构、组合结构和收敛结构（见图4–1）⑤。我们往往在对话中都会采用这些结构的复合形式来进行论证，因此，论证型式并不是对某一论证结构的单独使用，而是根据使用者的需要，或是单一或是组合地进行论证。因明唐疏三支论式对于各支有严格的要求。"宗"作为论点被立论者首先提出，即立宗，其次分别提出作为论据的"因"和"喻"，即辨因、引喻，宏观上，三支论式即为由论据到论题的简单结构。但具体来看，并没有这么简单。

---

① 武宏志：《论证型式》，中国社会科学出版社2013年版，第39页。
② （唐）窥基：《因明入正理论疏》，CBETA 2024.R1, T44, no.1840, p.93b 26–27。
③ （唐）窥基：《因明入正理论疏》，CBETA 2024.R1, T44, no.1840, p.102c 9–10。
④ 参见［比］哈依姆·佩雷尔曼、露茜·奥尔布莱希茨 – 泰提卡《新修辞学：一种论证理论》，商务印书馆2021年版，第30—41页。
⑤ ［美］詹姆斯·B. 弗里曼：《论证结构：表达和理论》，王建芳译，中国政法大学出版社2013年版，第3—6页。

序列结构　　发散结构　　组合结构　　收敛结构

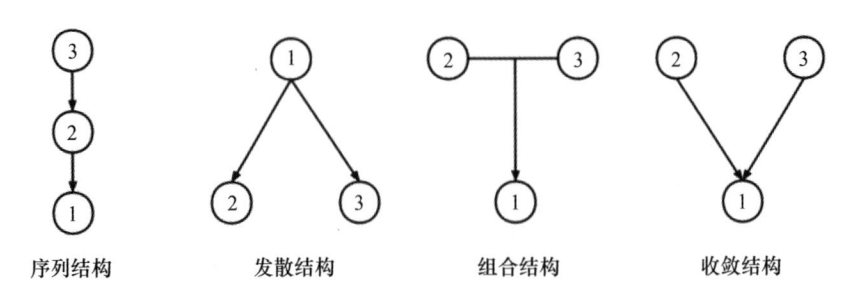

图 4-1　论证型式的基本结构

> 论式 4.4b
> 宗：声无常（①）。
> 因：（声）所作性故（②）。
> 喻：若所作者见彼无常（③），如瓶等（④）（同喻）。
> 　　若是常住见非所作（⑤），如虚空等（⑥）（异喻）。

结合因明经典论式 4.4（见前文第 117 页），我们以"①②③……"来标示三支论式中的各要素（见论式 4.4b），并画出三支论式的论证结构（见图 4-2）。从图示来看，因明唐疏三支论式的论证结构是组合结构——同喻和异喻分别辅助因证成宗。然而，这样的结构刻画似乎并不足以表达因明唐疏三支论式诸要素的全部功能和作用。究其根本，这是因为论证型式的基本结构旨在分析论证文本，即"一个人提出他或她的全部情形来支持一个或多个给定的主张。以这种方式排列论证的标准称谓是作为结果的论证"[①]。熊明辉认为，在传统论证理论中，结果的论证被认为是静态性的、缺乏语境敏感性、目的性、多主体性等诸多特征。[②] 区别于结果的论证，因明唐疏三支论式作为论证是过程的论证或程序的论证，是"提议者和挑战者对

[①]　[美] 詹姆斯·B. 弗里曼：《论证结构：表达和理论》，王建芳译，中国政法大学出版社 2013 年版，第 13 页。

[②]　熊明辉：《论证评价的非形式逻辑模型及其理论困境》，《学术研究》2007 年第 9 期。

话交流中的论证"①,"是论证者为了自己的主张为目标听众接受而提出理由的交互论证过程。其基本特征是动态性、目的性、多主体性、语境敏感性、对话式等"②。因此,从论证型式的基本结构来看,因明唐疏三支论式应用于论辩中,是过程的论证而非结果的论证,强调动态性、目的性、多主体性、语境敏感性,而这与图尔敏《论证的使用》一书中的观点是一致的,他主张"场域依赖性"是评价论证的标准。

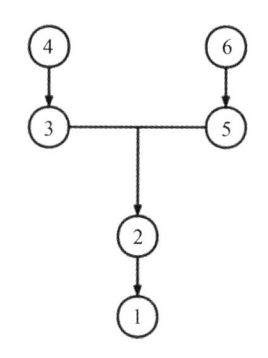

图 4-2 三支论式的论证结构

从论证型式的分析与评价标准来看,在非形式逻辑视野下分析和评价论证,要以修辞和论辩标准为主,逻辑标准为辅。由于"在任何一个语境里,都存在着一组与合理思维以及论证评价有关的规范,以至于任何一个违反了这些规范的论证和思维,即使逻辑上是可靠的,仍然可能会被认为是不能被接受的及不合理的"③,因此,分析与评价论证型式,一方面要关注论证的推理形式,即从逻辑的角度予以评估;另一方面要关注与之相应的批判性问题,即从修辞和论辩的角度予以评估。正如董毓所说:"评估论证要从概念、证

---

① [美]詹姆斯·B.弗里曼:《论证结构:表达和理论》,王建芳译,中国政法大学出版社2013年版,第13页。

② 熊明辉:《非形式逻辑视野下的论证评价理论》,《自然辩证法研究》2006年第12期。

③ 王文方:《因三相、当代逻辑学与批判性思维》,《华中科技大学学报》(社会科学版)2014年第4期。

据、推理、假设和辩证五个方面入手。"① 有意思的是，熊明辉在《非形式逻辑视野下的论证评价理论》一文中，依据逻辑标准、修辞标准和论辩标准评价论证给出这样一个表格（见表4-4）。在这8种情形下，只有1和5才是我们论辩要追求的目标。尤其是第5种情形，意味着在实际论辩中修辞和论辩标准的功能超越了逻辑标准。② 因明唐疏三支论式的分析和评价标准，一方面体现在逻辑视角下辨因和引喻的论证规则之中，另一方面体现在修辞和论辩视角下共许极成和立宗的论证规则之中。此外，因明唐疏就三支论式的应用，还从"过论（谬误论）"反观其论证理论，明确了因明唐疏三支论式的建构、分析和评价标准，并全面梳理、细化了"大小二论"中的"过论"③。尤其是"相违决定"④ 这一谬误出现时，是第2种情形⑤，

---

① 董毓：《批判性思维十讲：从探究实证到开放创造》，上海教育出版社2019年版，第52页。董毓结合恩尼斯和希区柯克（Hitchcock）批判性思维的思维图，概括出批判性思维的八个任务：（1）理解主题问题；（2）分析论证结构；（3）澄清语言意义；（4）审查理由质量；（5）评价推理关系；（6）挖掘隐含假设；（7）考察替代论证；（8）综合组织判断。其中，评估论证的五个任务为（3）（4）（5）（6）（7）。（第24—26页）

② 参见熊明辉《非形式逻辑视野下的论证评价理论》，《自然辩证法研究》2006年第12期。

③ 《入论》中的"过论"是指宗九过、因十四过、喻十过，合计三十三过。《大疏》在此基础上进一步细化，主要体现为在论辩中，违反共许极成规则所造成的过失。

④ 相违决定：是因明因过中的一种。立论者论证 s 是 P，敌论者则论证 s 是 ¬ P，与之相抗衡，立敌双方的论证各具三相，以致令人不定的过失。例如胜论派立论说："声是非永恒，因为是耳朵所能闻的，譬如声性。"这两个论证正合"九句因"第二、第八句所说，符合"同品定有""异品遍无"的要求，是各具三相的有效论证，但二者合在一起，以抗衡的形态出现，会令人疑惑不定，故亦属于不定过。但它不同于其他的不定过，其他的不定过或违反第二相，或违反第三相，相违决定并不缺三相。此过古正理称之为"实有违宗"，近代正理论则称之为"平衡推理"。（参见姚南强主编《因明辞典》，上海辞书出版社2008年版，第53页。）

⑤ 在熊明辉看来，"第2、3、6、7两种情形是不可能存在的，因为如前所述通过理性方式让听众接受是意见分歧得以消除的充分必要条件"，即修辞标准是论辩标准的充分必要条件。（参见熊明辉《非形式逻辑视野下的论证评价理论》，《自然辩证法研究》2006年第12期。）

这意味着因明唐疏的"过论"暗示了评价论证的标准中，修辞标准并不是论辩标准的充分必要条件。"相违决定"满足了逻辑标准和修辞标准，却依旧被作为谬误，说明因明唐疏分析和评价论证时，逻辑标准和修辞标准的强度要弱于论辩标准，即最终判定论证是否成功取决于论辩标准中意见分歧是否消除，即能否实现悟他，达到开悟，而不在于逻辑上是否有效，修辞上能否接受。

表 4－4　　　　　　　　论证评价标准（熊明辉）

情形	逻辑标准	修辞标准	论辩标准
1	可靠	听众接受	意见分歧消除
2	可靠	听众接受	意见分歧未消除
3	可靠	听众不接受	意见分歧消除
4	可靠	听众不接受	意见分歧未消除
5	不可靠	听众接受	意见分歧消除
6	不可靠	听众接受	意见分歧未消除
7	不可靠	听众不接受	意见分歧消除
8	不可靠	听众不接受	意见分歧未消除

综上所述，因明唐疏三支论式作为佛教论辩中的论证型式，既体现出非形式逻辑视域下关注论辩中"听众"（立敌双方）对争议立场的认同与否，关注论辩中是否能够有效地说服对方，也体现出非形式逻辑视域下论证型式中每一要素被提出的步骤和功能。因此，因明唐疏三支论式的分析和评价标准更为偏重修辞和论辩标准，且在两者之中，又以论辩标准为终极评价标准。

（二）因明唐疏三支论式与图尔敏论证模型

从与形式逻辑比较研究来看，因明唐疏三支论式可以被看作是亚里士多德三段论的变体，这与图尔敏论证模型是一样的。图尔敏论证基本模式包括主张（claim，C）、根据（data，D）、理由（warrant，W）三个要素，该模式是论证型式的组合结构。

为了进一步解释根据足以支持主张，图尔敏在基本模式上进行了扩展，增加了支援（backing，B）；为了说明理由中支援的多变性及场域依赖性，图尔敏在此基础上增加了反驳（rebuttal，R）与限定词（qualifier，Q），由此六个要素构成了图尔敏论证模型的完整模式或扩展模式①（见图4-3）。

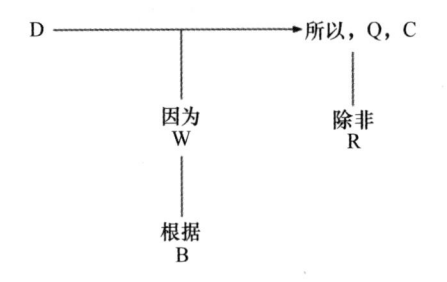

```
D ─────────┬──────────→ 所以，Q, C
           │                │
          因为              除非
           W                R
           │
          根据
           B
```

图4-3　图尔敏论证模型的完整模式或扩展模式

为了说明图尔敏论证扩展模式的应用，图尔敏予以具体的例证。

> 为了支持哈利是英国人的主张（C），我们援引他出生于百慕大的根据（D），然后理由可以表述为"出生在百慕大的人可以被视为英国人"；但是鉴于国籍问题总是受制于资格和条件，我们必须在结论前面插入限定语"大概"（Q），并指出如果他的父母都是外国人，或者他已加入美国国籍，那么我们的结论可能会被反驳（R）。最后，如果对理由本身提出质疑，那么就要提出其支援（B）：它将记录议会法案和其他有关在英国殖

---

① "主张、根据和正当理由作为图尔敏论证模型的基本要素，在每个论证中都会出现，构成了论证的基本模式，支援、限定词和反驳这三个要素并非必然出现，被称为补充要素，如果一个论证中六个要素都出现在模型中，那么这个模型就称为图尔敏论证模型的完整模式或扩展模式。（杨宁芳，2012）"（参见汪曼《论证图解理论与应用——新闻评论视角》，首都经济贸易大学出版社2022年版，第46页。）

地出生的人的国籍的法律规定的条款和颁布日期。①

据此，可以将该论证表述为如图 4-4②。

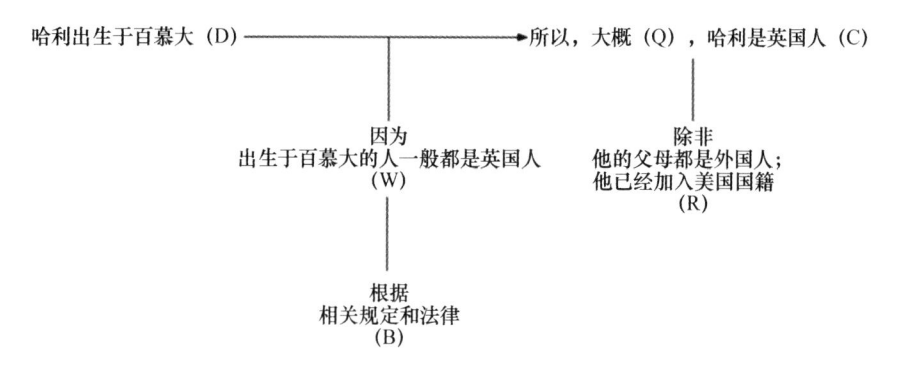

```
哈利出生于百慕大 (D) ──────────→ 所以，大概 (Q)，哈利是英国人 (C)
                   │                          │
                  因为                        除非
           出生于百慕大的人一般都是英国人    他的父母都是外国人；
                   (W)                    他已经加入美国国籍
                                              (R)
                   │
                  根据
              相关规定和法律
                   (B)
```

图 4-4　图尔敏论证模型的具体例证

显然，直观上看，因明唐疏三支论式与图尔敏论证模型都是以论证的组合结构为基础结构。但是，具体来看，因明唐疏三支论式中似乎并不具有图尔敏扩展模式中的反驳（R）和限定词（Q），并且，因明唐疏三支论式具有两组理由（W）和支援（B）。根据图尔敏论证模型进一步整合因明唐疏三支论式的论证结构

---

① "To take a particular example: in support of the claim (C) that Harry is a British subject, we appeal to the datum (D) that he was born in Bermuda, and the warrant can then be stated in the form, 'A man born in Bermuda may be taken to be a British subject': since, however, questions of nationality are always subject to qualifications and conditions, we shall have to insert a qualifying 'presumably' (Q) in front of the conclusion, and note the possibility that our conclusion may be rebutted in case (R) it turns out that both his parents were aliens or he has since become a naturalised American. Finally, in case the warrant itself is challenged, its backing can be put in: this will record the terms and the dates of enactment of the Acts of Parliament and other legal provisions governing the nationality of persons born in the British colonies." (See Stephen E. Toulmin, *The Use of Argument*, New York: Cambridge University Press, 2003, p. 97.)

② Stephen E. Toulmin, *The Use of Argument*, New York: Cambridge University Press, 2003, p. 97.

（见图 4-5）。对此，有学者从比较研究层面，探讨了图尔敏论证模型与因明三支论式之间的关系，认为"与图尔敏模型相比，因明的图尔敏模型分析显示出三支论式在图尔敏基本模型上的有限扩张"[①]。

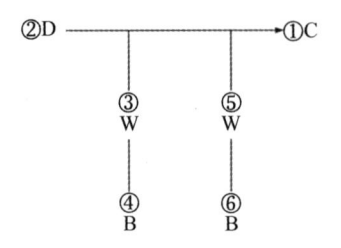

```
②D ─────────────▶ ①C
     │           │
     ③           ⑤
     W           W
     │           │
     ④           ⑥
     B           B
```

图 4-5　基于图尔敏模型的因明三支论式图示

的确，比较两者的论证结构，因明唐疏三支论式是在图尔敏论证扩展模式基础上的有限扩张，但是这两组理由与支援在因明唐疏三支论式中的作用是不同的，不能一概而论。换句话说，因明唐疏三支论式中的同喻和异喻，在论证中具有不同的作用，采用论证型式的结构分析或者以图尔敏论证模型刻画，必须要对此进行区分。那么，因明唐疏三支论式中的同喻和异喻具有什么作用呢？陈那在《门论》中说："前是遮、诠，后唯止滥，由合及离比度义故"[②]，窥基解释说"前之同喻亦遮亦诠，由成无以无，成有以有故。后之异喻一向止滥，遮而不诠。由同喻合比度义故，由异喻离比度义故"[③]。同喻和异喻虽然同属于喻支，同喻作为合作法，异喻作为离作法，都是为了能够推出所立宗义，但两者的作用是不同的，智周

---

① 戎雪枫、王克喜：《基于图尔敏模型的因明三支论式分析》，《河南社会科学》2015 年第 11 期。
② ［印度］陈那：《因明正理门论本》，（唐）玄奘译，CBETA 2024. R1, T32, no. 1628, p. 2c8-9。
③ （唐）窥基：《因明入正理论疏》，CBETA 2024. R1, T44, no. 1840, p. 111c16-19。

也说"同喻顺成无同阙助,异法止滥无异滥除,故不类也"①。就同喻而言,具有"遮、诠"的作用,"遮"指遮诠,"诠"指表诠,即同喻具有排除反例和正面证成的作用;就异喻而言,具有"止滥"作用,"止滥"即"遮",是指能够直接排除反例,即慧沼所言"异喻得成,以异止滥"②,但不具有正面证成的作用。

通过因明唐疏的解释,若以图尔敏论证扩展模式刻画三支论式,那么异喻的作用至少表现在两个方面。首先,异喻虽然与同喻在论证结构上都类似于图尔敏所说的"理由(W)"与"支援(B)",但是在作用上更多地则偏重"反驳(R)"。也就是说,在因明唐疏三支论式的异喻上,异喻依支持异喻体,类似于图尔敏所说的"支援(B)"支持"理由(W)",但这并不是为了进一步论证因(根据)足以支持宗(主张),而是要阐释在这一论证之下不可能出现反例。所以,异喻在此具有的"止滥"作用,应当表现为排除所有反例,使他者"生决定解",则其可以确保论证中主张的限定词为"必然"。其次,依据因明唐疏对异喻作用的诠解——"后之异喻一向止滥,遮而不诠",异喻"异品遍无"的"止滥"作用能够构成对同喻的"支援(B)",补充支持同喻"同品定有",从而确保作为"理由(W)"的同喻能够支持作为"根据(D)"的因证成作为"主张(C)"的宗。由此,进一步修正上述图示得图4-6③。

图尔敏论证基本模式中增加"反驳(R)"和"限定词(Q)"的初衷是为了说明多变性和场域依赖性。多变性主要体现为在多大程度上提出主张。日常生活中,不同对话语境下,立论者会在不同

---

① (唐)智周:《因明入正理论疏抄》,CBETA 2024. R1, X53, no. 855, p. 889a19-20。

② (唐)慧沼:《因明义断》,CBETA 2024. R1, T44, no. 1841, p. 148a14-15。

③ 需要说明的是,图示中的虚线框是为了解释异喻"止滥"作用的第二个方面——作为支援(B)的异喻(⑤⑥)支撑作为理由(W)的同喻(③④)。虚线框仅为显示因明唐疏三支论式中同喻和异喻的整体性,在论证图示中不具有任何作用。

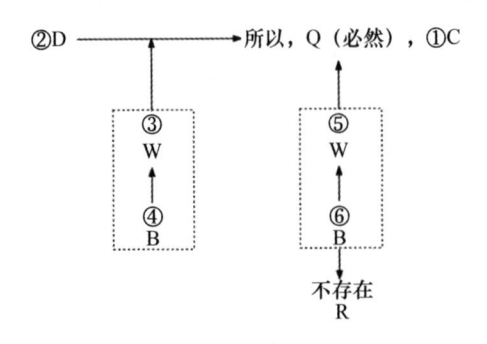

```
②D ─────────→ 所以，Q（必然），①C
        ↑                  ↑
      ┌─┴─┐              ┌─┴─┐
      │ ③ │              │ ⑤ │
      │ W │              │ W │
      │ ↑ │              │ ↑ │
      │ ④ │              │ ⑥ │
      │ B │              │ B │
      └───┘              └───┘
                           ↑
                         不存在
                           R
```

图 4-6　因明唐疏三支论式的图尔敏论证模式图示

程度上提出自己的主张，因此需要增加"反驳（R）"和"限定词（Q）"以扩展论证的基本构成。但是，因明唐疏三支论式是在论辩的对立语境下使用的，这就要求其必须明确提出自身的主张（宗）；加之，因明唐疏三支论式是"在因三相的作用机理下可以'生决定解'"①，因此，因明唐疏三支论式中的限定词即为"必然"，这也就在一定程度上弱化了图尔敏论证扩展模式。但因明唐疏三支论式并没有回归到图尔敏论证基本模式，而是介于基本模式与扩展模式之间。

　　图尔敏起初将场域依赖性固定在论证的标准上，后来他自己修正道："不仅'保证'以及'支援'是领域依赖的；甚至论证所发生的场合、面临的风险以及作为人类活动的'论证'的语境细节也应当包含在内"②。图尔敏修正后的"场域依赖性"，不仅要求在一定的条件下排除反例，还要重视论证发生过程中的语境细节等。而因明唐疏也同样关注这两点。一方面，因明唐疏三支论式建构中要求同喻和异喻上的喻体关系以及喻依都必须是立敌共许的，因此，

―――――――――
　　①　戎雪枫、王克喜：《基于图尔敏模型的因明三支论式分析》，《河南社会科学》2015 年第 11 期。
　　②　[荷]范爱默伦等：《论证理论手册》，熊明辉等译，中国社会科学出版社 2020 年版，第 261 页。注：引文中的"保证"即理由（warrant，W）。

在对立语境之中，立论者提出的论证在敌论者认可的情况下，没有出现反例，达到"异品遍无"，也就是不具有所立法性质的事物都不具有因法性质，那么，喻体上的普遍命题关系便具有保真性。另一方面，因明唐疏三支论式在提出之时，还要保证是以"极成成立不极成"（这点将在下一章重点论述），由此可知，因明唐疏三支论式在论证结构上与图尔敏论证模式有所不同，但是在效果上要保证论证前提的真实性，实现理性交流。

综上所述，在因明唐疏三支论式与图尔敏论证模型的相互比较中可以发现，因明唐疏三支论式既不是图尔敏论证的基本模式，也不是扩展模式，而是介于两者之间。图尔敏论证模型意图对维护论证主张的每一个流程进行功能性解释，这与因明唐疏按照"宗—因—喻"诠解三支论式的意图是一致的。因此，借用图尔敏分析论证的思路考察因明唐疏三支论式，不仅能够让我们不必陷入三支论式究竟是演绎还是归纳的纠结之中，还能使我们更好地聚焦于如何分析和评价三支论式作为佛教论辩的论证型式。

第 五 章

因明唐疏论证规则（上）

再回到如何保证敌论者理解的义与立论者的言所表达的义是一致的这一问题上。实质上，这一问题可以分解为两个问题：（1）从立论者的言生因来看，立论者如何保证提出的论证是有效的？（2）从敌论者的智了因来看，立论者如何保证论证中提出的论据或者理由是敌论者可接受的？结合六因论证机制，我们不妨在论辩的视角下，探讨因明唐疏的论证规则。

第一节　立宗规则：构造对立语境

立宗是指立论者提出自己的主张。因明唐疏依据陈那对能立的定义，认为宗并不是能立，而是所立。但从论辩的要求来看，立论者提出论证之初要开宗明义，表明自己的主张。因此，宗虽然是所立，但作为立论者立场的表达，在提出论证之时，也要被纳入论证的表达形式之中。因明唐疏论证是论辩中的论证，因此，立宗一方面是为了表明自己的立场，另一方面也是为了保证论辩是在对立的语境之下进行的。因明唐疏认为论辩得以展开，就要保证宗"随自乐为所成立"①，并且"宗依极成宗不极"②。

一 "随自乐为所成立"

因明唐疏继承了陈那的立宗观点，认为立宗要随顺自己的意愿。陈那认为正确的立宗，"是中唯随自意，乐为所成立说名宗"③ 要做到两点：一是"随自意"；二是"乐为所立"。"随自意显不顾论宗随自意立。乐为所立，谓不乐为能成立性。"④ 从立论者的角度来说，"随自意"就是要"显不顾论宗，随自意立"，说"乐为所立"是为了对"不乐"说明"能成立"的原因。据此《门论》说明两点：第一，在立宗的时候要"不顾论宗，随自意立"，随顺自己的意愿来建立观点。第二，在立宗的时候要"不乐为能成立性"，就是要论证与对方观点相违的论点。这就是说，"在陈那看来，立宗乃是生命个体的自由表达，不仅要随顺自家的意，亦即随顺生命意志的自我诉求，而且要'乐为'亦即真正从情感层面欲立某宗，亦即在陈那看来，立宗理应是生命个体思想自由、意志自由与情感自由的直接表达。"⑤

那么，是不是只要是随顺自己的意愿就能立宗呢？显然，不是这样的，即便是随顺自己的意愿立宗，也是要符合一定的要求的，商羯罗主概括了陈那的看法，认为陈那是从现量、比量、自教、世间和自语五个方面作了规定。如果不符合这五个方面，便会出现似宗，即五种错误的立宗，分别是现量相违、比量相违、自教相违、

---

① ［印度］商羯罗主：《因明入正理论》，（唐）玄奘译，CBETA 2024.R1，T32，no. 1630，p. 11b4。
② （唐）窥基：《因明入正理论疏》，CBETA 2024.R1，T44，no. 1840，p. 99c22。
③ ［印度］陈那：《因明正理门论本》，（唐）玄奘译，CBETA 2021.Q1，T32，no. 1628，p. 1a8－9。
④ ［印度］陈那：《因明正理门论本》，（唐）玄奘译，CBETA 2021.Q1，T32，no. 1628，p. 1a15－17。
⑤ 顺真：《陈那、法称"宗论"阐微》，《哲学研究》2019 年第 11 期。

世间相违、自语相违。① 第一，现量相违，是说所立宗义与感官所获得的知识相矛盾，比如立敌双方都能切身感知到——声音可以被听到，但立论者却要成立与感官知识相矛盾的宗——"声非所闻"。第二，比量相违，是说所立宗义与推理所获得的知识相矛盾，比如，立论者和敌论者都认许，瓶是由人工制造出来的，所以，瓶是无常的，但立论者却要成立与此相矛盾的宗——"瓶是常"。第三，自教相违，即所立宗义与立论者所信奉的教义相矛盾，比如说胜论派主张"声无常"，但是胜论派的信徒立宗为"声常"。第四，世间相违，是说所立宗义与世俗公认的常识相矛盾，比如说，古印度世间约定俗成认为怀兔即月，立论者对世间立宗说"怀兔非月"，这就与世俗公认的常识相矛盾，但如果是对没有约定俗成怀兔即月的人，立宗说"怀兔非月"，这就是正确的。第五，自语相违，是说所立宗的前陈和后陈相互矛盾，是一种语言形式上的矛盾，比如说立宗为"我母是其石女"，"石女"是指不能生育的女性，"母"显然表明"我母"是"已经生育过的女性"，宗的前陈与宗的后陈在表达上是相矛盾的。

因此，立宗虽然是要随顺自己的意愿，提出自己的观点，但其观点不能与现量、比量、自教、世间、自语相违。

二 "宗依极成宗不极"

论辩场上，立敌观点针锋相对的内在要求是《大疏》所说的"宗依极成宗不极"②。商羯罗主在陈那的基础上，进一步认为从宗的构成上看，宗支的构成是宗体和宗依，宗依即有法和能别，有法和能别不相离即为宗体。在立宗时要明确两点：第一，立论者所立

---

① "此中现量相违者，如说声非所闻。比量相违者，如说瓶等是常。自教相违者，如胜论师立声为常。世间相违者，如说怀兔非月，有故；又如说言人顶骨净，众生分故，犹如螺贝。自语相违者，如言我母是其石女。"（［印度］商羯罗主：《因明入正理论》，（唐）玄奘译，CBETA 2024. R1，T32，no. 1630，p. 11b27 - c3。）

② （唐）窥基：《因明入正理论疏》，CBETA 2024. R1，T44，no. 1840，p. 99c22。

宗的宗依概念是敌论者也能够接受的；第二，立论者所立宗的宗体，即提出的论点与敌论者的观点正好是矛盾的，由此立敌才能展开对辩。如果违反了这两点，便会产生过失，因明唐疏对这些过失做了进一步分析：

第一，假如宗依不是立敌共许的，那么会出现两类过失：第一类是"成异义过"①。原本立论者要成立的是有法和能别相结合的宗体所表达的宗义，但如果宗依的概念不是立敌双方所共许极成的，那么就要先论证宗依上的概念，这样立论者给出的论证就不是原来的所立宗了。第二类是"阙宗支"②。如果立敌对宗依概念不共许极成，那么就会导致一系列的问题。假如是"能别非两极成"即能别不极成，那么作为能别的所立法不是立敌共许的，所以就无法依据所立法明确划分出同品和异品，这样就会造成因支和喻支上的一系列错误；如果是"有法非两极成"即有法不极成，那么宗有法就不是立敌共许的，能别就没有所依的事物，同时也会造成因支和喻支上的错误。所以，无论是"能别非两极成"还是"有法非两极成"，只要是立敌不能共许极成宗依，那么必然会在对辩中造成立敌论点不明确，使得论证出现谬误。正因为如此，商羯罗主在陈那的五种基础上补充了能别不极成、所别不极成、俱不极成。因此说"宗依必依共许"③，作为宗依的有法和能别，必须是立敌双方共许极成的。

第二，假如宗体是立敌共许的，那立敌就没有了争论的焦点，

---

① "谓能立本欲立此二上不相离性和合之宗，不欲成立宗二所依。所依若非先两共许，便更须立此不成依，乃则能立成于异义，非成本宗，故宗所依必须共许。依之宗性方非极成，极成便是立无果故。"[（唐）窥基：《因明入正理论疏》，CBETA 2024. R1，T44，no. 1840，p. 98a21 - 25。]

② "若许能别非两极成，阙宗支故，非为圆成。因中必有是因同品非定有性过，必阙同喻，同喻皆有所立不成，异喻一分或遍转过。若许有法非两极成，阙宗支故。亦非圆成。能别无依是谁之法，因中亦有所依随一两具不成。"[（唐）窥基：《因明入正理论疏》，CBETA 2024. R1，T44，no. 1840，p. 98a25 - b1。]

③ （唐）窥基：《因明入正理论疏》，CBETA 2024. R1，T44，no. 1840，p. 98a24。

也就没有必要进行论辩。为此，窥基总结梳理了四种立宗的方式，分别是：遍所许宗、先承禀宗、傍凭义宗和不顾论宗[①]。前三种立宗方式并不适合论辩，只有不顾论宗是符合论辩情境下的立宗。遍所许宗是指所立宗是立敌双方都赞成的。先承禀宗是说自教派内以自派义理为宗。傍凭义宗是说所立宗所表达的并不是立论者要建立的观点，立论者实际上意图建立的观点是所立宗言之中暗含的意义，比如说立论者立宗为"声无常"，实际上立论者最终要成立的观点是"声无我"，因为立论者和敌论者都认为"无常的都是无我的"。这三种立宗在因明论辩中，都不能直接使立敌在论辩中产生针锋相对的对立立场，因此都不是正确的立宗方式。只有不顾论宗，既是随顺立论者意之所乐建立观点，又是敌论者所不认许的，能够在论辩中确保立论者所立观点是违他顺自的。所以，窥基总结为"能依宗性方非极成，能立成之本所诤故"[②]，意思是说，作为表达宗依关系的宗体，必须是立论者认许但敌论者不认许的，这样才能成立正确的宗。这也正是商羯罗主在陈那似宗基础上，补充相符极成过的原因。所谓相符极成，是指宗体表达的前陈和后陈的关系（即所立宗义）是立敌双方共许极成的。

由此，因明唐疏从形式和内容两方面要求立宗符合以下两个规则：（1）从形式结构上看，所立宗的宗依必须立敌双方共许极成，宗体必须得是立许但敌不许，即宗体要违他顺自。（2）从内容上看，所立宗要"随自意乐为所成立"，不能出现现量相违、比量相违、自

---

① "凡宗有四：一、遍所许宗。如眼见色，彼此两宗皆共许故。二、先承禀宗。如佛弟子习诸法空，鸺鹠弟子立有实我。三、傍凭义宗。如立声无常，傍凭显无我。四、不顾论宗，随立者情所乐便立。如佛弟子立佛法义。若善外宗，乐之便立不须定顾。此中前三不可建立。初遍许宗。若许立者，便立已成，先来共许，何须建立？次承禀者。若二外道，共禀僧佉，对诤本宗亦空无果，立已成故。次义凭宗。非言所诤，此复何用？本诤由言，望他解起，傍显别义，非为本成。故亦不可立为正论。"[（唐）窥基：《因明入正理论疏》，CBETA 2024. R1，T44，no. 1840，p. 100b27 – c9。]

② （唐）窥基：《因明入正理论疏》，CBETA 2024. R1，T44，no. 1840，p. 98b2 – 3。

教相违、世间相违和自语相违。

第二节 辨因规则：保证论证的充分性

如何保证一个论证是有效的，一般而言，就是在论题明确的情况下，要保证论据真实且论证形式有效。当一个论证被置于论辩的对立语境之下，虽然立论者和敌论者都与论证发生直接的关系，但是二者与论证的关系是完全不同的。对于立论者而言，他要不断地提出论证，维护论点；而对于敌论者而言，他要对立论者提出的论证进行判定。因明唐疏六因论证机制刻画立论者和敌论者的思维认知的动态过程，论证作为言生因是立论者认知产生的结果，作为言了因是敌论者进行认知的对象。虽然立场不同，但是立敌维护和判定论证标准在一定程度上是一致的，也就是说，立敌都要遵守论证规则，并通过论证规则来维护和判定论证。在因明中，这样的论证规则被称为"因三相"，《入论》总结为"遍是宗法性，同品定有性，异品遍无性"[1]，因明唐疏对此作了阐发。

文轨认为"有三相者，是义相"[2]，即因三相是义因，并举例说道"即一所作性望本声宗及同、异品有三相也"，在"声无常，所作性故"的例子中，因三相是从因法"所作性"来看"声"、同品、异品三者的具体情况的。窥基认为，因三相是"其言生因及敌证智所诠之义各有三相"[3]。从生因来看，因三相是义生因，是立论者言生因中语言所表达出来的意义。从了因来看，因三相即是义了因，

---

[1] ［印度］商羯罗主：《因明入正理论》，（唐）玄奘译，CBETA 2024. R1, T32, no. 1630, p. 11b6－7。

[2] （唐）文轨：《因明入正理论文轨疏》，载沈剑英校补《敦煌因明文献研究》，上海古籍出版社2008年版，第326页。

[3] （唐）窥基：《因明入正理论疏》，CBETA 2024. R1, T44, no. 1840, p. 102b15－16。

是敌论者通过智了因能够诠解出的言了因的意义。那么，因三相作为论证规则是如何规范三支论式的呢？或者说，依据因三相该如何判定三支论式呢？

一 "遍是宗法性"：保证有法与因法之间的不相离关系

陈那指出"为于所比显宗法性，故说因言"①，因支彰显了"宗法性"。"于所比显宗法性"即《入论》所说的因的第一相"遍是宗法性"，意思是说因法必须周遍是宗有法的属性。这里的"宗"即指宗有法，"法"是指宗有法的法，即宗有法的属性。在论辩中，根据主体是否认可或接受可以将宗有法的法划分为两类，一类是"不共有"，即论辩双方不能共许宗有法具有某种属性；另一类是"共有"，即论辩双方共许宗有法具有某种属性。"遍是宗法性"中所说的因法是后者，即论辩双方所共许的法。即陈那所说：

> 此中宗法，唯取立论及敌论者决定同许，于同品中有非有等，亦复如是。何以故？今此唯依证了因故，但由智力了所说义，非如生因由能起用。若尔，既取智为了因，是言便失能成立义。此亦不然，令彼忆念本极成故，是故此中唯取彼此俱定许义，即为善说。②

陈那这里所说的"宗法"即是因法。依据因明唐疏六因论证机制中的"智了因"，因法必须得是立敌双方共同认许接受的。正如文轨解释说"以极成法在声上，故证其声上不成无常亦令极成"，比如说，在"声无常，所作性故"这一论式中，就是用立敌共许极成的

---

① ［印度］陈那：《因明正理门论本》，（唐）玄奘译，CBETA 2024.R1，T32，no. 1628，p. 3a9。
② ［印度］陈那：《因明正理门论本》，（唐）玄奘译，CBETA 2024.R1，T32，no. 1628，p. 1b11–17。

"声是所作"来论证立敌不极成的"声是无常",这里就是用"所作"这一极成法来论证"无常"这一不极成法。窥基将此总结为"以因体共许之法,成宗之中不共许法"①。

如果立论者和敌论者不能共许极成因法是宗有法的法,那么就会出现"不成因"。商羯罗主在《入论》中总结了四种不成因②:第一,两俱不成,即是立论者和敌论者都不接受宗有法具有因法的性质。比如说,立论者立论式"声无常,眼所见故",立论者和敌论者都不会认许、接受"声是眼所见",因为这并不符合"声为耳闻,色为眼所见"的事实。第二,随一不成,即立敌双方有一方不认许、接受因法是宗有法上的属性。比如说,胜论师对声显论师立"声是无常,所作性故",声显论师认为声是常住,非缘所生,不是因缘所生,所以不接受"声是所作的"。第三,犹豫不成,即对于因法是不是宗有法的法,立论者在认知上产生困惑。比如说,"大种和合火有,以现烟故",立论者并不明确远处是烟还是雾时,便立论式。此时,不仅不能使其自身产生确定的认识,同时也会使敌论者对所立宗义疑惑不定。第四,所依不成,即宗有法本身是无体的概念,从而致使因法没有所依。比如说,立"虚空实有,德所依故",对于持无空论者而言,"虚空"不是实有的,因此,就无法谈论"虚空是德所依",即德没有所依的实体。实质上,所依不成的过失是宗过中所别不成导致的后果之一。所别不成即立论者和敌论者在宗有法的概念上不能共许极成,在这个例子里,"虚空"是实有还是不是实有,立敌并未达成一致的看法,以至于立论者给出的因法"德所

---

① (唐)窥基:《因明入正理论疏》,CBETA 2024.R1,T44,no.1840,p.102c9-10。

② "不成有四:一、两俱不成。二、随一不成。三、犹豫不成。四、所依不成。如成立声为无常等,若言是眼所见性故,两俱不成。所作性故对声显论,随一不成。于雾等性起疑惑时,为成大种和合火有而有所说,犹豫不成。虚空实有,德所依故,对无空论,所依不成。"([印度]商羯罗主:《因明入正理论》,(唐)玄奘译,CBETA 2024.R1,T32,no.1630,p.11c11-16。)

依"，在敌论者看来就是没有无所依的。

从四个不成因来看，以立敌双方能否接受因法是宗有法的法为依据能够判别因的第一相——"遍是宗法性"。但具体而言，可以分为两类：第一类是两俱不成、随一不成，是在论辩意义上出现的过失；第二类是犹豫不成，是在认知意义上出现的过失。所依不成，是所别不成的后果之一，这是在立敌是否共许且极成有法概念的基础上讨论的，可以归为第一类。

由此可以总结"遍是宗法性"在论证中提出的要求是：论辩中立敌必须以共许的因法来成立不共许的所立法，即立敌必须共许极成因法周遍是宗有法的属性。

二 "同品定有性，异品遍无性"：保证因法与所立法之间的不相离关系

陈那指出，喻支上要体现出"于余同类念此定有，于彼无处念此遍无"[①]，即商羯罗主《入论》所说的因的第二相"同品定有性"和第三相"异品遍无性"，其意思分别是说：有同品具有因法的性质，即存在既有因法又有所立法性质的事物；所有异品都不具有因法的性质，即凡是不具有所立法性质的事物都不具有因法的性质。因明唐疏继承了陈那和商羯罗主对因的后二相的看法。

（一）同品、异品的定义

同品、异品是在类概念的层面上联系体和义的。三支论式中，宗有法和喻依是体，因法和所立法是义，那么该如何保证所立宗义能够成立呢？显然，如果只从体上加以类比是不够的，还得从义上作出保证，即在体和义之间架一座桥，体为事物，义为性质，体是义的载体，义是体的表现。那么，如何联系体和义呢？陈那引入了同品和异品的概念。"若品与所立法邻近均等，说名同品，

---

① ［印度］陈那：《因明正理门论本》，（唐）玄奘译，CBETA 2024. R1, T32, no. 1628, p. 3a4 – 5。

以一切义皆名品故。若所立无，说名异品，非与同品相违或异。若相违者，应唯简别；若别异者，应无有因。"① 在《门论》中，陈那指出事物的一切属性都能够用"品"来表达。因此，可以说义即为品，品即为义，具有所立法性质的是同品，不具有所立法性质的是异品。这样，可以从类概念的层面以是否具有所立法为标准，能够划分出同品和异品。商羯罗主在《入论》中，阐述道："谓所立法均等义品，说名同品。如立无常，瓶等无常，是名同品。异品者，谓于是处无其所立。"② 在同品和异品的概念划分上，商羯罗主继承了陈那的想法。

因明唐疏在继承陈那和商羯罗主的基础上，有所发展。窥基认为从"品"的自体来看，同品和异品虽然都是类概念，但却有所区别。同品中的"品"是指体类③，异品中的"品"是指聚类④。同品从体类的角度划分，是因为"以随有无体名同品"⑤，同喻依作为同品需要依据有体、无体来划分，所以同品中的"品"是体类的意思。异品的"品"不是体类而是聚类，是因为在异品中"许无体故"，"随体有无，但与所立别异聚类即名异品"，异品不论是有体还是无体，只要与具有所立法性质的事物是不同类的事物，便可以称为异品。因此，如熊十力⑥所认为的那样，无论是同品还是异品，

---

① ［印度］陈那：《因明正理门论本》，（唐）玄奘译，CBETA 2024.R1, T32, no. 1628, pp. 1c29 – 2a3。
② ［印度］商羯罗主：《因明入正理论》，（唐）玄奘译，CBETA 2024.R1, T32, no. 1630, p. 11b7 – 10。
③ "同是相似义，品是体类义，相似体类名为同品。"［（唐）窥基：《因明入正理论疏》，CBETA 2024.R1, T44, no. 1840, p. 103c11 – 12。］
④ "异者别义，所立无处，即名别异。品者聚类，非体类义，许无体故。不同同品体类解品，随体有无，但与所立别异聚类即名异品。"［（唐）窥基：《因明入正理论疏》，CBETA 2024.R1, T44, no. 1840, p. 105c8 – 10。］
⑤ （唐）窥基：《因明入正理论疏》，CBETA 2024.R1, T44, no. 1840, p. 103 c17。
⑥ "两品字皆应作类，皆义之类故，同品、异品，只就因所立有无而说。"（熊十力：《唯识学概论 因明大疏删注》，上海古籍出版社2018年版，第211页。）

都是以所立法之义为标准来区分的类概念。但就体类和聚类而言，窥基旨在以体类侧重所指，以聚类侧重能指。这就是说，同品从体类上说是为了区分有体和无体，即概念所指的对象是否在现实世界中存在？如果是，则为有体，如果不是，则为无体。异品则无须区分有体与无体，只要是从意义上看是"所立无"，不具有所立法性质，无论有体、无体都为异品。

异品究竟"异"在何处呢？窥基基于陈那的解释进一步阐发。古因明师认为"与其同品相违或异，说名异品"①，只要是与同品相违或者别异的即为异品。窥基解释古因明师所说的相违，有些类似于苦与乐、善与不善、冷与热、大与小、常与无常等。别异，比如论式"声无常，所作性故"中古因明师认为除无常之外，其他一切如苦、无我、思处、质碍等都是别异。对此，陈那指出这样会导致过失，窥基总结为两种过失：第一种错误是出现"中容品"②。如果按照古因明师所说的"相违"来定义，异品是具有与所立法相反的性质的事物，那么异品仅仅是在同品中简别出了具有与所立法相反性质的事物，"不是返遮，宗因二有"，做不到用异品来显示既不具有所立法性质又不具有因法性质的事物。如此定义，会使得一切法不只是有同品和异品，还应该有第三品，即"中容品"，比如说以"有善"作为所立法，那么"有善"的事物是同品，"不善"的事物是异品，既不是"有善"又不是"不善"的事物则为中容品。第二

---

① （唐）窥基：《因明入正理论疏》，CBETA 2024. R1，T44，no. 1840，p. 105c11。

② "若所立无，说名异品，非与同品相违或异。"（［印度］陈那：《因明正理门论本》，（唐）玄奘译，CBETA 2024. R1，T32，no. 1628，p. 2a1 – 3。）窥基阐释："'若相违者，应唯简别'，谓彼若非无所立处名为异品，要相违法名异品者，应唯简别，是则唯立相违之法简别同品。不是返遮，宗因二有。若许尔者，则一切法应有三品。如立善宗不善违害，唯以简别名为异品，无记之法无简别故，便成第三品非善非不善故。此中容品，既望善宗非相违害，岂非第三？由此应知：无所立处即名异品，不善、无记，既无所立，皆名异品，便无彼过。"［（唐）窥基：《因明入正理论疏》，CBETA 2024. R1，T44，no. 1840，p. 105c18 – 26。］

种错误是无因①。如果按照古因明师所说的"别异"来定义，异品是与所立法不同的事物，那么就不存在确知的正因。比如说，论式"声无常，所作性故"，以"无常"为所立法，异品可以是具有声上其他属性如"无我""苦""空"等属性的事物，只要是与所立法的意义不同的事物，那么都可以作为异品。如此，"所作性"也不同于"无常"，也可视为表达异品的义，那么异品中具有因法的性质，必然会造成不定，这样就不会有正因了。

这两种过失中，"相违"是在体类的层面上造成的，"别异"是在聚类的层面上过于强调"异"造成的。《大疏》指出，一方面，陈那所说的异品是聚类意义上的"异"，但与古因明师所指的"别异"不同。另一方面，陈那强调"所立无"是说类概念上不具有所立法性质的事物。比如说立"声无常"，所立法是"无常"，异品即指不具有无常性质的那类事物，比如说虚空、兔角。因此，在因明唐疏中，异品不一定是有体的。

（二）九句因：因法与同品、异品之间的关系

从因明唐疏三支论式的结构来看，因支阐述的是宗有法与因法之间的不相离关系，喻支阐述的是所立法与因法之间的不相离关系。因三相的第一相要求，因支中表达不相离关系是"遍是宗法性"，即宗有法具有因法的性质。因三相的后二相则是要阐述所立法与因法之间的关系，即"同品定有性，异品遍无性"，所立法和因法都是属性概念，如何通过事物自体来表达属性概念之间的关系呢？陈那引入了同品、异品的概念，如此探讨所立法与因法之间的关系，就转

---

① "若相违者，应唯简别；若别异者，应无有因。"（［印度］陈那：《因明正理门论本》，（唐）玄奘译，CBETA 2024. R1，T32，no. 1628，p. 2a1 - 3。）窥基阐述："'若别异者，应无有因'，谓若说言与宗有异即名异品，则应无有决定正因，如立声无常，声上无我、苦、空等义，皆名异品。所作性因，于异既有，何名定因？谓随所立一切宗法，傍意所许，亦因所成。此傍许者，既名异品，因复能成，故一切量皆无正因。"［（唐）窥基：《因明入正理论疏》，CBETA 2024. R1，T44，no. 1840，pp. 105c27 - 106a3。］

变为探讨因法与同品、异品之间的关系，这就是陈那所说的"又此一一各有三种，谓于一切同品有中，于其异品，或有、非有及有非有。于其同品非有及俱，各有如是三种差别。"① 根据陈那的表述，同品、异品与因法之间的关系可以表述如下（见表5-1）。

表5-1　　　　　　　　　陈那九句因

（一） 所有同品有因法。 所有异品有因法。	（二） 所有同品有因法。 所有异品没有因法。	（三） 所有同品有因法。 部分异品有因法，部分异品没有因法。
（四） 所有同品没有因法。 所有异品有因法。	（五） 所有同品没有因法。 所有异品没有因法。	（六） 所有同品没有因法。 部分异品有因法，部分异品没有因法。
（七） 部分同品有因法，部分同品没有因法。 所有异品有因法。	（八） 部分同品有因法，部分同品没有因法。 所有异品没有因法。	（九） 部分同品有因法，部分同品没有因法。 部分异品有因法，部分异品没有因法。

根据是否能够证成所立宗义，陈那认为"于同有及二，在异无是因。翻此名相违，所余皆不定"②。陈那将九句因分为三类：正因、相违因和不定因。所谓正因，是九句因中的第二句因和第八句因，能够同时满足因的后二相；所谓相违因，是九句因中的第四句因和第六句因，同时不满足因的后二相；所谓不定因，是九句因中的第一句因、第三句因、第五句因、第七句因和第九句因，不能同时满足因的后二相。其中，第五句因作为不定因，不满足"同品定有性"，满足"异品遍无性"；其余四句不定因，不满足"异品遍无性"，满足"同品定有性"。

---

① ［印度］陈那：《因明正理门论本》，（唐）玄奘译，CBETA 2024. R1，T32，no. 1628，p. 2a14 - 17。

② ［印度］陈那：《因明正理门论本》，（唐）玄奘译，CBETA 2024. R1，T32，no. 1628，p. 2b4 - 5。

窥基在陈那和商羯罗主关于同品、异品的定义上，加以发展，根据宗上的所立法和因上的因法，分别衍生出宗同品和宗异品、因同品和因异品。由于陈那和商羯罗主关于同品、异品的定义是依据宗上的所立法为划分标准的，所以窥基称它们为宗同品和宗异品。同时，窥基按照陈那和商羯罗主的定义方式，认为具有因法性质的事物是因同品，不具有因法性质的事物是因异品。由此，窥基将陈那探讨因法与同品、异品之间的关系，进一步发展为因同品与宗同品、宗异品三者之间的关系，使得九句因从原本讨论所立法（同品、异品）与因法的二义关系彻底地转化为讨论类概念事物之间的关系。

据此，我们可以根据窥基的定义，以图示的方法画出九句因中因同品、宗同品和宗异品之间的关系。图 5-1 中大椭圆表示以所立法为划分标准的宗同品和宗异品的合集，灰色部分表示因同品。因同品、宗同品、宗异品是同一层级的概念，都表示类概念。

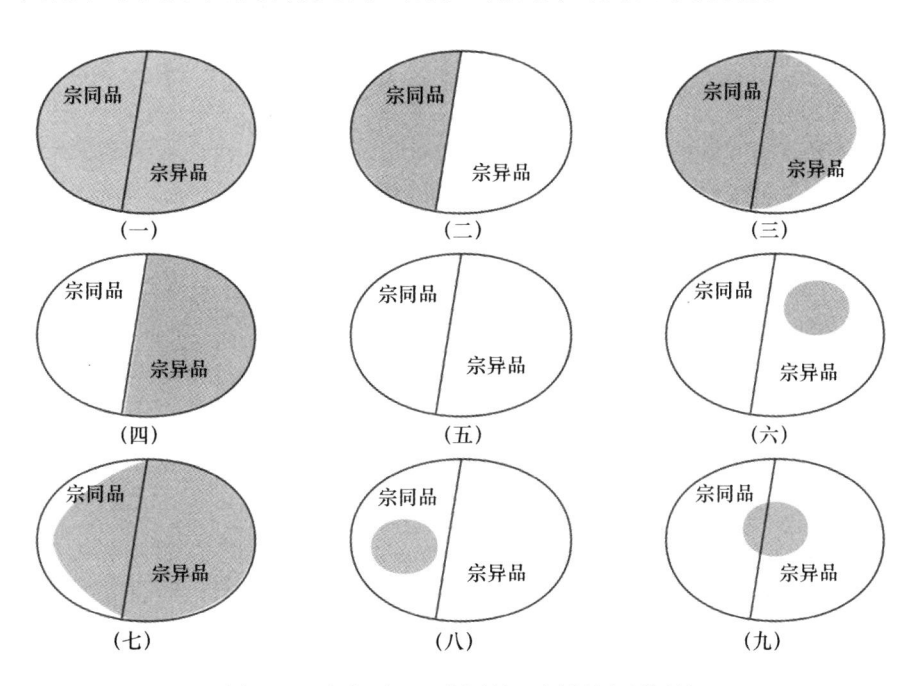

图 5-1　九句因——宗同品、宗异品与因同品

在"遍是宗法性"的条件下，宗有法都是因同品。此时，如果因同品都是宗同品，宗异品都不是因同品，即"同品定有，异品遍无"，那么，宗有法都是宗同品，即宗支得证。从图5-1来看，不难发现，只有（二）（八）两图即九句因中的第二句因和第八句因才满足要求。

从类概念的角度来说，因同品内含于宗同品之中，即为正因。根据是否具有所立法性质对主体的认知世界可以二分，即宗同品和宗异品。具有因法性质的所有事物都被称为因同品，加之，"遍是宗法性"是九句因的前提，因此说，宗有法属于因同品是认知主体在论辩时所达成的共识。只要根据现实世界的真实情况，判断因同品与宗同品和宗异品的关系，便能够了然所立宗义能否实现。这也正是为何窥基在《大疏》中要求，同品是体类意义上的所指，因为在判定同品之时，还要考虑有体和无体，通过有体与无体的区分使得主体的认知与客观世界相联系，并以此为根据进行论证。基于此，"同品定有性"，实质上规定了立论者必须要在客观的现实世界中，找到具体例证作为佐证，支持所立宗义，即必须要列举出同喻依；而"异品遍无性"，是说所有不具有所立法性质的宗异品中，都没有因同品的存在。

（三）第五句因

在九句因中，第五句因备受关注，这是因为关于第五句因的解读涉及"除宗有法"问题，当前学者对于是否要"除宗有法"产生了分歧。从当前学界的观点来看，大致有四种观点：第一种认为，同品和异品都要除宗有法[1]；第二种认为，同品要除宗有法[2]；第三种认为，在论辩中，宗有法处于待证，不能明确划分为同品或是异

---

[1] 参见郑伟宏《论玄奘因明成就与文化自信——与沈剑英、孙中原、傅光全商榷》，《中国社会科学评价》2021年第2期。

[2] 参见张忠义、张家龙《评陈那新因明体系"除外命题说"——与郑伟宏先生商榷》，《哲学动态》2015年第5期。

品①；第四种认为，同、异品概念与宗有法无关，因为同、异品是纯逻辑范畴，不涉及宗有法问题②。笔者较赞成第四种观点，从具体的例子来看，陈那在第五句因上给出的例子是"声常，所闻性故"。从事实上看，"声"是"常"还是"无常"是确定的。但是在论辩中，主体的思维认知以所立法"常"为标准，可以二分出具有"常"性质的一类事物（宗同品）和具有"无常"性质的一类事物（宗异品），但具有"所闻性"的有且只有"声"这一个体，因而无法判断"声"是宗同品还是宗异品。换言之，在论辩中，第五句因能够满足"遍是宗法性"，但是却不能满足"同品定有性"，因为具有"所闻性"的只有"声"，而"声"是不是"常"，本身还处于待证中，所以举不出同喻依，这样就会造成主体的认知依旧处于犹豫不定的状态，因此，第五句因是不定因。

透过第五句因可以看出，因明唐疏论证的三支论式虽然具有类似于亚里士多德三段论 AAA_1 式的有效形式，但不同于三段论的是，因明唐疏论证要求在大前提（同喻体）上必须能够举出例证（同喻依），并且例证（同喻依）要除宗有法，这是为了在客观的现实世界中能够找到佐证大前提（同喻体）所表达的关系（因法与所立法的不相离关系）的依据。可以说，同喻依给同喻体的支持，具有符合喻体结构"说因宗所随，宗无因不有"的关系映射作用，能够使主体在这样的映射之下认识到喻体表达的普遍关系。换言之，如果举不出同喻依，那么就无法证成所立宗义。但是，在"异品遍无性"的要求之下，第五句因也找不到反例来证伪。所以，因明唐疏将第五句因"同品非有，异品非有"的情况视为不定，由于立论者无法在现实世界中找到事实依据来说明这一逻辑关系成立，同时也无法找到依据来说明这一逻辑关系不成立，因此是不确定的。由此观之，

---

① 参见郭桥《同品、异品蠡测》，《宗教学研究》2008 年第 2 期。
② 参见许春梅《陈那因明同、异品是否除宗有法之辨析》，《法音》2019 年第 7 期。

因明唐疏论证始终关注认知主体对现实世界的认识，而三支论式正是认知主体用以传达经验或对现实世界认知的重要方法。

第三节　引喻规则：保证论证的相关性

窥基在《大疏》中解释说"喻者，譬也，况也，晓也。由此譬况，晓明所宗，故名为喻"①，"喻"的意思是譬况、比况、明白理解，在喻支上，根据比况，能够使对方明白、理解所立宗义，所以才称为"喻"。喻有两种，一是同法喻即同喻，二是异法喻即异喻。之所以称为"法"，是因为立敌共许的自性是有法，有法上的差别是所立法，也称为法，与所立法属性相似的称为同法，没有所立法属性的是异法。② 也就是说，喻上同法和异法是从事物属性关系上进行界定的，不同于同品和异品是在事物类概念层面的界定。

陈那在《门论》中明确喻体的形式结构是"说因宗所随，宗无因不有"，即喻体上表达的关系必然是因法与所立法之间的关系，同喻是"说因宗所随"，异喻是"宗无因不有"。具体如下。

一　"说因宗所随"：有因法处必定有所立法

商羯罗主在《入论》中说："同法者，若于是处显因同品决定有性。"③ 窥基在《大疏》中解释说，"处"就是处所，"显"就是说，在除宗有法之外，既具有因法又具有所立法性质的一类事物之

---

① （唐）窥基：《因明入正理论疏》，CBETA 2024. R1, T44, no. 1840, p. 109a22 - 24。

② "共许自性，名为有法，此上差别所立名法。今与彼所立差别相似名同法，无彼差别名为异法。"[（唐）窥基：《因明入正理论疏》，CBETA 2024. R1, T44, no. 1840, p. 109a28 - b1。]

③ ［印度］商羯罗主：《因明入正理论》，（唐）玄奘译，CBETA 2024. R1, T32, no. 1630, p. 11b13 - 14。

中，同法是两个属性间共同的部分。因法是立敌双方的共许之法，如果某些事物中具有因法的性质，那么就称为"因同品"。有法是否具有所立法是立敌所不共许的，因此，如果在某些事物中有共许的因法性质并且确定又有不共许的所立法性质，那么这就是"定有性"，因为要用共许法来成立不共许的法。① 比如说，我们常用的经典论式2.4（见第二章），同喻上"若是所作皆是无常"，"若所作者，即前总显因之同品，见彼无常，亦则前显决定有性"②。在具有所作性的事物中也能具有无常性，"若所作者"显示的是因同品，"见彼无常"显示的决定有性，同喻依"瓶"就是这样的事物。

二 "宗无因不有"：所立法无处必定没有因法

商羯罗主在《入论》中说："异法者，若于是处说所立无因遍非有。"③ 窥基在《大疏》中解释为："处谓处所，除宗已外有无法处，谓若有体、若无体法。但说无前所立之宗，前能立因亦遍非有，即名异品，以法异故，二具异故。"④ 同理，所谓异法，就是指既没有所立法性质又没有因法性质。比如说，论式4.4（见第四章），异喻上"若是常住见非所作"，"于常品中既见非作，明所作者定见无常"⑤，在异喻中具有常性质的事物中没有所作性，也就明白了具有

---

① "处谓处所，即是一切除宗以外有无法处。显者，说也。若有无法，说与前陈、因相似品，便决定有宗法，此有无处，即名同品。因者，即是有法之上共许之法，若处有此，名因同品。所立之法是有法上不共许法，若处有共因决定有此不共许法，名定有性，以共许法成不共故。"〔（唐）窥基：《因明入正理论疏》，CBETA 2024. R1, T44, no. 1840, p. 109b14 – 20。〕

② （唐）窥基：《因明入正理论疏》，CBETA 2024. R1, T44, no. 1840, p. 109c15 – 17。

③ ［印度］商羯罗主：《因明入正理论》，（唐）玄奘译，CBETA 2024. R1, T32, no. 1630, p. 11b15 – 16。

④ （唐）窥基：《因明入正理论疏》，CBETA 2024. R1, T44, no. 1840, p. 111a7 – 10。

⑤ （唐）窥基：《因明入正理论疏》，CBETA 2024. R1, T44, no. 1840, p. 111b14 – 15。

所作性的事物中一定会有无常。

喻体"说因宗所随，宗无因不有"，揭示了事物间的属性关系，是绝对不能颠倒的。陈那在《门论》中解释说："由如是说能显示因同品定有、异品遍无，非颠倒说。"① 在陈那看来，同喻先说因后说宗，异喻先说宗后说因，是为了能够显示出因法在同品中定有，在异品中遍无。如果颠倒了这样的次序，那么就会造成"非所说、不遍、非乐等合离"。比如说，在论式4.4中，喻体应该是"若所作者见彼无常"或者"若是常住见非所作"，如果颠倒为"若是无常见所作者"或者"若非所作见非无常"，因为论式4.4是九句因中的第二句因"同品有异品非有"的情况，那么按照颠倒的喻体来说，就不是以所作证无常了，而是以无常证所作了。如果从九句因中的第八句因例证"声无常，勤勇无间所发性故"来看，是"同品有非有异品非有"，喻体如果颠倒的话即为"若是无常见彼勤勇无间所发"或者"若非勤勇无间所发见非无常"，那么具有无常性质的事物不遍是勤勇无间所发，而不具有勤勇无间所发性的事物也不遍是常，所以是"不遍"的。同时，如果按照颠倒的喻体还原宗支和喻支的话，那就是以无常证勤勇无间所发或是以非勤勇无间所发证常，这也都不是立论者所要成立的宗义，所以是"非所说"，也不是立论者所乐为成立的，所以是"非乐"。

同喻"说因宗所随"、异喻"宗无因不有"的形式结构，表达了因的后二相"同品定有性，异品遍无性"，也就是说，如果因的后二相出现问题，那么同喻和异喻也有可能出现问题。比如说，能立法不成是由于同喻依具有所立法性质但却不具有立敌共许极成因法性质，所立法不成则是由于同喻依具有立敌共许的因法性质但是不具有所立法性质，俱不成是同喻依既不具有因法性质又不具有所立法性质。相应地，能立法不遣、所立法不遣、俱不遣则是从异喻依

---

① [印度]陈那：《因明正理门论本》，（唐）玄奘译，CBETA 2024. R1，T32, no. 1628，p. 2c12-14。

的角度来说。此外，喻支上还会出现无合、倒合、不离、倒离的错误。这是从喻体的形式结构上来说的，无合即缺少同喻体，即不能揭示事物间的属性关系；倒合是说颠倒了"说因宗所随"的形式，实质上是颠倒了事物间的属性关系；不离即缺少异喻体，即不能从反面揭示事物间的属性关系；倒离是说颠倒了"宗无因不有"的形式，即颠倒了事物间的属性关系。

由于因明唐疏三支论式总是在论辩中被使用，因此，它具有很强的灵活性，正如陈那在《门论》中说的"若如其声，两义同许，具不须说，或由义准，一能显二"[①]，比如说论式4.4，"若敌证等，闻此宗因，如其声上，两义同许，即解因上，二喻之义，同异二喻，具不须说。或立论者，已说一喻，义准显二，敌证生解，但为说一，此上意说，二具不说。或随说一，或二具说，随对时机，一切皆得。"[②] 如果敌论者和证义者，仅仅听到或看到宗支和因支就能够明白"声是无常"的道理，那么就说明敌论者和证义者通过因支"以所作性故"已经能够理解同喻和异喻上的道理，所以同喻和异喻便无须再说。假如立论者说了同喻"若所作者见彼无常，如瓶等"，敌论者和证义者已经能够明白异喻的道理，那就不必再说异喻。或者反过来，立论者说了异喻，敌论者和证义者就已经能够明白同喻的道理，那也不必说同喻了。因此，在论辩中，针对论辩主体的认知情况，因明唐疏三支论式是可以有所省略的。

由此观之，在三支论式中，就因法而言，必须要满足因三相的规定，这样才能够充分地保证宗有法与因法之间的不相离性、因法与所立法之间的不相离性。就喻支的喻体结构而言，必须是"说因宗所随，宗无因不有"的形式，这样能够保证同喻"遮诠"、异喻"止滥"，保证因法与所立法之间的相关性。由此，归纳辨因和引喻

---

① ［印度］陈那：《因明正理门论本》，（唐）玄奘译，CBETA 2024. R1, T32, no. 1628, p. 3a2-3。

② （唐）窥基：《因明入正理论疏》，CBETA 2024. R1, T44, no. 1840, p. 113a2-7。

规则为：

（1）因三相（充分性）

"遍是宗法性"：论辩中，立敌必须以共许的因法，成立不共许的所立法，即立敌必须共许极成因法周遍是宗有法的属性。——"据所立宗，要是极成法及有法不相离性""以因体共许之法成宗之中不共许法"。

"同品定有性、异品遍无性"：有同品具有因法的性质，即存在既有因法又有所立法性质的事物；所有的异品都不具有因法的性质，即不具有所立法性质的事物都不具有因法的性质。

（2）喻体形式结构为"说因宗所随，宗无因不有"（相关性）。

第六章

因明唐疏论证规则（下）

第一节　从非九句因所摄之似因反观因明唐疏论证规则

是不是只要满足了因三相的要求就能建立一个有效的论证呢？接下来从错误的因和喻即似因、似喻来反观因明唐疏论证规则。此前，我们已经说过不满足"遍是宗法性"会导致不成因。那么，不满足"同品定有性，异品遍无性"，会导致哪些谬误呢？

因的后二相与九句因之间的关系见表6-1。

表6-1　　　　　　　因的后二相与九句因

因的后二相	九句因	《门论》	《入论》
满足第二相，满足第三相	（二）	正因	
	（八）		
不满足第二相，不满足第三相	（四）	相违因	法自相相违
	（六）		
			法差别相违
			有法自相相违
			有法差别相违

续表

因的后二相	九句因	《门论》	《入论》
不满足第二相，满足第三相	（五）	不定因	不共不定
满足第二相，不满足第三相	（一）	不定因	共不定
	（三）		异品一分转同品遍转
	（七）		同品一分转异品遍转
	（九）		俱品一分转
			相违决定

商羯罗主在《入论》中，总结不定因有六种："一、共，二、不共，三、同品一分转异品遍转，四、异品一分转同品遍转，五、俱品一分转，六、相违决定。"[①] 相违因有四种："谓法自相相违因、法差别相违因、有法自相相违因、有法差别相违因等。"[②] 与陈那九句因中的不定因和相违因相较，商羯罗主在《入论》中归纳的不定因和相违因要更多些。在不定因中，第一句因对应的是"共不定"，第三句因对应的是"异品一分转同品遍转"，第七句因对应的是"同品一分转异品遍转"，第九句因对应的是"俱品一分转"。在相违因中，第四句因和第六句因对应的是"法自相相违"。《入论》中不定因"相违决定"和相违因"法差别相违因""有法自相相违因""有法差别相违因"，在九句因中并没有体现，也就是说，这四种似因，并不是由不满足因三相而造成的错误。由此可知，出现不定因和相违因，不完全是因为没有满足因的后二相的要求。

一 相违决定

从逻辑的角度来看，在严格的因三相规定下，不会出现"相违

---

① ［印度］商羯罗主：《因明入正理论》，（唐）玄奘译，CBETA 2024. R1, T32, no. 1630, p. 11c17–19。

② ［印度］商羯罗主：《因明入正理论》，（唐）玄奘译，CBETA 2024. R1, T32, no. 1630, p. 12a15–16。

决定",只有在论辩中,才会出现。比如说,商羯罗主在《入论》中例举胜论与声生论的论辩来说明"相违决定"①。胜论对声生论提出论式6.1,声生论反击胜论,提出论式6.2。单独就两个论式来看,论式6.1和论式6.2都满足因三相要求。首先,胜论和声生论共许极成"声是所作""声是所闻",因此两个论式都满足"遍是宗法性"。其次,胜论在论式6.1中举同喻依"瓶",既是因同品又是宗同品,瓶是所作的也是无常的,这是符合经验的,因此,满足"同品定有性"。声生论在论式6.2中举同喻依"声性",认为"声性"既是因同品又是宗同品。需要说明的是,"声生派认为在声以外别有声性,所以声生派以声性为同喻来助成因义;但是除胜论派以外的各哲学派别都不讲声性,所以声论如与胜论之外的其他宗派论辩时以'所闻性'为因就缺同喻,有不共不定之过。然而当声论与胜论对诤时情况就不同了,因为声、胜二论都讲有声性,所以声生派立'声常,所闻性故,譬如声性',就成了三相具足的无过比量,而可以用来与胜论派所立的'声是无常,所作性故,譬如瓶等'相抗衡了"②,所以,即便在陈那的九句因中,论式6.2作为第五句因"同品非有,异品非有"是不定因,但是在胜论和声生论论辩语境之下,论辩双方都能够接受同喻依"声性",从而满足"同品定有性"的要求。最后,从经验上看,是非无常的都是非所作的,论式6.1满足"异品遍无性";是无常的都是非所闻的,论式6.2也满足"异品遍无性"。综上,两个论式是满足因三相的。但在因明唐疏论辩语境之下,立论者和敌论者的争论是针锋相对的,胜论和声生论在这样的语境之中,既能够证成"声无常"又能够证成"声常",对于认知的主体而言,"声"不可能既是"无常"又是"常"。再比如,孔子东游时,遇到两个孩子争论太阳是在早上大还是在中午大,两

---

① "相违决定者,如立宗言声是无常,所作性故,譬如瓶等。有立声常,所闻性故,譬如声性。此二皆是犹豫因,故俱名不定。"([印度]商羯罗主:《因明入正理论》,(唐)玄奘译,CBETA 2024. R1,T32,no. 1630,p. 12a12-14。)

② 沈剑英:《佛教逻辑研究》,上海古籍出版社2013年版,第432页。

个孩子给出的依据都是有道理的，但孔子依旧无法断定孰是孰非。因此，《入论》将相违决定归为不定因，就是因为相违决定中的论式并不能够使论辩主体产生确定的认识，反而造成了思维认知的不确定。此外，从能立①的定义来看，"因喻具正，宗义圆成"是一方面，但最重要的是要实现"显以悟他"。所以，从论证效果上来讲，相违决定并不能"显以悟他"，无法实现论证的实效性，因此是错误的。

论式 6.1
宗：声是无常。
因：所作性故。
喻：譬如瓶等。

论式 6.2
宗：声常。
因：所闻性故。
喻：譬如声性。

由此可见，在论辩中，因明唐疏三支论式作为论辩的论证方式，虽然需要严格的形式规定，但是由于主体的参与，因明唐疏三支论式各要素的概念所指受制于主体的认知，而主体的认知又会受到如知识背景、各派教义等诸多因素的影响。因此，在因明唐疏论辩中，判定一个论证是不是好的论证，只满足因三相是不充足的。因为判定论辩中论证的根本标准是能否实现悟他，即论证的实效性。

那么，在因明唐疏论辩中一旦出现这样的情况，又该如何判定孰是孰非呢？《大疏》具体表述为三种，而窥基认为出现相违决定的情况时，要"依世间现有至实可信之说"②。第一种是古因明师的看法，古因明师认为"如杀迟棋，后下为胜"③，一旦出现这样的状况，那么类似于下棋时出现平局的情况，谁后下谁就会胜出。即便是作了这样的规定，有了胜负之分，但并未实现能立、能破的功能，

---

① "因喻具正，宗义圆成，显以悟他，故名能立。"[（唐）窥基：《因明入正理论疏》，CBETA 2024.R1，T44，no.1840，p.93a28-29。]

② （唐）窥基：《因明入正理论疏》，CBETA 2024.R1，T44，no.1840，p.126c14-15。

③ （唐）窥基：《因明入正理论疏》，CBETA 2024.R1，T44，no.1840，p.126c2。

并没有真正地达到悟他。因此，古因明师的判定方式并不是好的。第二种是陈那在《门论》中提出的，"于此中现、教力胜、故应依此思求决定"①。《大疏》解释说，"现"指的是世间现量，比如世间众人所能直接感知到声音能够被听到，会有间断，是由多种因素共同作用产生的；"教"是指佛教，依据佛教教义、圣言量"万法无常"则声无常。综合"现、教"进而可以判定胜论"声无常"胜。②第三种是《大疏》在第二种的基础上作进一步阐述，也是窥基比较赞成的。判定孰胜孰负应当依据"现"即"世间现有至实可信之说"，而不是"教"，因为对于外道来说，他们并不接受佛教的教义。③ 所以，即便是出现了"相违决定"的不定因，仍要"依世间现有至实可信之说"。

二 相违因

相违因是指立论者提出的因（理由）证成了与所立宗义（论题）相反的宗。假设以因法 M 能够论证出所立宗义为"S 是 P"，相违因即指因法 M 证出的所立宗义为"并非 S 是 P"。在"并非 S 是 P"中表现为"非 S"或者"非 P"。因此，在具体的论辩中，一旦立论者的论式中出现相违因，敌论者一般都会采用立相违比量，或简称相违量的方式来进行反驳（能破）。

《入论》总结了四种相违因。宗支上有法的自相和差别、法的自相和差别，两两组合，即有法自相、有法差别、法自相、法差别。当因法与之相违时，即有法自相相违、有法差别相违、法自相相违

---

① ［印度］陈那：《因明正理门论本》，（唐）玄奘译，CBETA 2024.R1, T32, no. 1628, p. 2b23-24。
② "令依现教，'现'谓世间，见声间断，有时不闻，众缘力起。'教'谓佛教，说声无常，佛于说教最为胜故，由此二义，胜论义胜。"［（唐）窥基：《因明入正理论疏》，CBETA 2024.R1, T44, no. 1840, p. 126c9-11。]
③ "诸外道不许佛胜者，应依世间现有至实可信之说。"［（唐）窥基：《因明入正理论疏》，CBETA 2024.R1, T44, no. 1840, p. 126c13-15。]

和法差别相违①（见表6－2）。

表6－2　　　　　　　　　四种相违因

	言陈	意许
有法	有法自相相违	有法差别相违
法	法自相相违	法差别相违

自相和差别即指自性与差别，有如前所说有三种功能②。窥基指出，在相违因中，作为有法的自性和作为法的差别，又各自分别具有自相和差别，这里的自相和差别是从"言许"功能来界定的。也就是说，"凡直接说出来的意思名为自相，凡话中暗含的意思名为差别。换句话说，凡自性都是言陈的，凡差别都是意许的。"③ 而所谓言陈即言之所陈，指语言所直接表达、陈述出来的意义；所谓意许即意之所许，指立论者语言未表达的隐含意义（敌论者未必能够接受）。"凡二差别，名相违者，非法、有法上除言所陈，余一切义皆是差别。要是两宗各各随应因所成立、意之所许、所诤别义，方名差别。因令相违，名相违因。"④ 说"差别"并不是说宗支上的法和有法，除了言陈的意义以外，一切含义都是差别。必须得是立敌双方两宗各自的因法所要成立的意许之义，是具有争议的不同的别义，才称为差别。

---

① "相违有四，谓法自相相违因、法差别相违因、有法自相相违因、有法差别相违因等。"［（唐）窥基：《因明入正理论疏》，CBETA 2024.R1，T32，no.1630，p.12a15－16。］"准相违中，自性、差别，复各别有自相、差别。谓言所带名为自相，不通他故；言中不带，意所许义名为差别，以通他故。"［（唐）窥基：《因明入正理论疏》，CBETA 2024.R1，T44，no.1840，p.98b25－27。］

② 自性与差别的三种功能：一、局通，局限于自体称为自性，范围狭；贯通于他物，称为差别，范围宽。二、先后，先陈述的是自性，因为前面没有事物可以说明；后陈述的是差别，因为前面已有事物可以说明。三、言许，语言文字陈述出来的，称为自性；在语言文字中暗含的其他含义，称为差别，这是语言文字所陈述的言外之意。

③ 沈剑英：《佛教逻辑研究》，上海古籍出版社2013年版，第437页。

④ （唐）窥基：《因明入正理论疏》，CBETA 2024.R1，T44，no.1840，p.129a5－8。

(一) 法自相相违

法自相相违因，是说因法与所立法的言陈是相违的。比如，九句因中的第四句和第六句都是，即违反因的后二相"同品定有性，异品遍无性"导致的错误。

(二) 法差别相违

法差别相违因[①]，是说因法与所立法的意许是相违的。比如，数论对佛弟子立论式6.3，按照数论的教义，本来是要立"眼等必为我用"，因为在数论看来，"我"即神我，是实有的。但是佛弟子并不承认"神我"，因此数论立宗"眼等必为他用"，对于"他"数论和佛弟子在言陈上都是共许极成的，但是数论企图借用"他"暗含地表达"神我"。这就使得在论辩中，所立法言陈所表达的意义出现了差别，"他"表达了两种意思：一是"神我"，二是"假我"。而在论证的过程中，数论提出，因法"积聚性"与宗上的所立法"他用"的意许义"神我"是相违的，所以，因法"积聚性"无法证成"眼等必为他用"。因此，佛弟子针对数论的论式6.3，提出相违量即论式6.4，以同样的因法"积聚性"，证成"眼等唯为积聚他用"，"积聚他就是五蕴和合聚集而成的'他'，就是假我"[②]。

数论对佛弟子立论式	佛弟子立相违比量
论式6.3	论式6.4
宗：眼等必为他用。	宗：眼等唯为积聚他用。
因：积聚性故。	因：积聚性故。
喻：如卧具等。	喻：如卧具等。

---

① "法差别相违因者。如说眼等必为他用，积聚性故，如卧具等。此因如能成立眼等必为他用，如是亦能成立所立法差别相违积聚他用，诸卧具等为积聚他所受用故。"（[印度]商羯罗主：《因明入正理论》，（唐）玄奘译，CBETA 2024.R1, T32, no. 1630, p. 12a19-23。）

② 沈剑英：《佛教逻辑研究》，上海古籍出版社2013年版，第443页。

（三）有法自相相违

有法自相相违因[1]，是说因法与宗有法的言陈是相违的。比如，《入论》所说的有法自相相违因，是胜论派鸺鹠（也称为迦那陀）为化导其弟子五顶而立的。胜论派所立的论式6.5，并不是针对佛家大乘而立，而是胜论派在自派之中所立的论式，《入论》提出的反驳是站在第三方视角指出的。胜论派的鸺鹠，悟得"六句义"[2] 欲借论式6.5，让五顶明白"有"即大有、有性，是在实、德、业三者之外独立存在的，别有其体的。但是，五顶并不能信服，他认为实、德、业三者"不无"即是能"有"，所以，在三者之外，不必另外存在"有"。为此，鸺鹠暂先搁置"有"，又对五顶讲述"同异"与"和合"，五顶"虽信同异和合，然犹不信别有大有"[3]。在这样的情况下，鸺鹠对五顶立论式6.5，以"同异性"作为同喻依，来论证"有"是在实、德、业三者之外独立存在的，于是五顶便理解了鸺鹠仙人所说的"有"。但《入论》提出，如果"有一实、德、业故"作为因法能够成立"有性非实、非德、非业"，那也一样能够成立"有性非有性"。这是因为，在起初立论式6.5时，鸺鹠和五顶对"有性"的理解是有差别的。鸺鹠所说的"有性"，是指离实、德、业三者而独立存在的，有其体的"有性"，即离实有性；但五顶理解的"有性"是说实、德、业不无即为有，有性是存在于实、德、业

---

[1] "有法自相相违因者。如说有性非实非德非业，有一实故，有德业故，如同异性。此因如能成遮实等，如是亦能成遮有性，俱决定故。"（[印度] 商羯罗主：《因明入正理论》，(唐) 玄奘译，CBETA 2024. R1, T32, no. 1630, p. 12a23 – 26。)

[2] 六句义："一为实，二为德，三为业，四为有，五为同异，六为和合。有性所以使实、德、业三者实有而不无，同异性所以使实、德、业三者有同有异，和合性所以使实、德、业三者互相属着。有性、同异性、和合性，各存于实、德、业以外，并非存于实、德、业之中，亦即离开实、德、业以外，别有有性使其不无，别有同异性使其同异，别有和合性使其属着。"（陈大齐：《因明入正理论悟他门浅释》，载释妙灵主编《真如·因明学丛书》，中华书局2006年版，第163页。）

[3] (唐) 窥基：《因明入正理论疏》，CBETA 2024. R1, T44, no. 1840, p. 130 a19。

之中的，并无其体，即实有性。所以，《入论》立论式 6.6 中，宗支"有性应非有性"并不是自语相违，因为其中作为前陈的"有性"，即指论式 6.5 中的"有性"，是鸺鹠和五顶都共许的"有性"即实有性，而作为后陈的"有性"是指鸺鹠所说的"有性"即离实有性。也就是说，论式 6.6 中"有性应非有性"是说共许的"有性"（实有性），并非立论者鸺鹠所指的"有性"（离实有性），因支和喻支不变，同样能够满足因三相，即实、德、业都具有实有性，同异性既在实、德、业之中同时又具有实有性，没有既不具有实有性又不在实、德、业之中的。

```
胜论派立论式
─────────
论式 6.5
宗：有性非实，非德，非业。
因：有一实、德、业故。
喻：如同异性。
```

```
反驳立相违量
─────────
论式 6.6
宗：有性应非有性。
因：有一实、德、业故。
喻：如同异性。
```

（四）有法差别相违

有法差别相违[①]，是说因法与宗有法的意许相违。比如，胜论派立论式 6.5，为了论证"有"是在实、德、业三者之外独立存在，即是有体。其实质是为了进一步说明"有性"是"有缘性"，也就是说，在胜论派的论式中，虽说宗有法言陈即自相是"有性"，但其意许差别为"有缘性"。所谓"有缘"，《大疏》解释说，"心、心所法，是能缘性，有缘谓境，有能缘故，谓境是体，为因能其有缘之性。若无体者，心如何生？以无因故，缘无不生。"[②] 即心、心所法

[①] "有法差别相违因者。如即此因即于前宗有法差别作有缘性，亦能成立与此相违作非有缘性，如遮实等，俱决定故。"（[印度]商羯罗主：《因明入正理论》，（唐）玄奘译，CBETA 2024.R1, T32, no. 1630, p. 12a26–28。）

[②] （唐）窥基：《因明入正理论疏》，CBETA 2024.R1, T44, no. 1840, p. 131b16–18。

是能缘，能缘的对象是有缘，又称为境。境是有体，是引起能缘的原因。"有性"被意许差别为"有缘性"，也是为了说明"有性"是有体的，是能缘的对象，如果是"有性"是无体，心识将无法产生。《入论》则进一步反驳其宗有法意许差别义为"有性应作非大有有缘性"即论式6.7，因支、喻支不变，具有因三相。

> 反驳立相违量
>
> 论式6.7
> 宗：有性应作非大有有缘性。
> 因：有一实故，有德、业故。
> 喻：如同异性。

法自相相违相对来说比较好理解，即陈那九句因中第四句"同品非有异品有"和第六句"同品非有异品有非有"，即由于因法与所立法的言陈义相违而证成了与所立宗相违的宗。比如说，"说谎者说的是真话，以说谎故"。难以理解的是，法差别相违、有法自相相违、有法差别相违。尤其是后二者。有法自相相违是说，论式中，因法与宗有法的言陈是相违的，有法差别相违是说，因法与宗有法的意许是相违的。在立宗之时，立论者和敌论者对于宗依是要共许极成的，因此，法差别相违、有法自相相违和有法差别相违在立宗之时，便应该被规避。此外，在因三相的规定下，"遍是宗法性"即因法必须周遍是宗有法的属性，不管因法与宗有法是自相还是差别，如果是相违的，便不符合因"遍是宗法性"的要求，那么在论辩中必然会导致"不成因"。因此，有法自相相违、有法差别相违，由于因的第一相也能够被规避。所以，在陈那的九句因中，只阐述了第四句和第六句的法自相相违，其他三种相违因并不在九句因中。那么，这是不是意味着，相违因只要是法自相相违即可，其他三种则无必要呢？显然，陈那之后的法称是这样做的，但从商羯罗主的《入论》和因明唐疏的记载来看，他们则选择了保留其他三种。这是因为"因明除具逻辑性外，兼具悟他的论辩性。在论辩时，很多时立量者为了避免不极成过，往往在宗支的法或有法上采用矫立的差别义"①。

从相违决定、法差别相违、有法自相相违、有法差别相违这四种因来看，因明唐疏更注重论证在论辩中的实际应用。从相违决定来看，因明唐疏评价论证的标准最终取决于是否能够"悟他"。而当论辩中确实出现了相违决定的情况时，仍是要"依世间现有至实可信之说"。从法差别相违、有法自相相违、有法差别相违来看，或许在立宗或立因之时，这些过失都是可以规避掉的，但是在论辩中，立论者为了能够表达其思想，会采用简别的方法避免不极成的过失，从而造成不定或相违。

第二节　共许极成规则：保证论证的可接受性

由于因明唐疏是自六因来分析论证，因此，它更关注论证的认知功能，即论辩主体对论证的接受性问题，因明唐疏表述为"共许极成"。共许极成在因明唐疏论证中被广泛使用，从立宗、辨因到引喻，为了实现悟他，三支论式的建立离不开对共许极成规则的应用。此外，"用已极成，证非先许，共相智决，故名比量"②，比量就是用双方已经极成的观点来证没有极成的观点，是产生确定的共相层面的智慧。从这个角度看，共许极成规则是因明唐疏从广义上规定的比量规则。那么，共许极成的认识论基础是什么？论辩是在哪种层面或者说何种程度上使用共许极成规则的？如何在论辩中应用共

---

① 李润生：《因明入正理论导读》，宗教文化出版社2016年版，第355页。
② （唐）窥基：《因明入正理论疏》，CBETA 2024.R1，T44，no.1840，p.93b 26–27。

许极成规则？一旦违背了共许极成的规则会导致哪些谬误？唐疏对此作了阐述。

"共许"，顾名思义，即为共同认许、同时认可。什么是"极成"，为什么"共许"之后还要"极成"呢？窥基《大疏》解释说：

> "极"者，至也，"成"者，就也，至极成就，故名极成。有法、能别，但是宗依，而非是宗。此依必须两宗至极共许成就。为依义立，宗体方成。所依若无，能依何立？由此宗依必须共许，共许名为至极成就，至理有故，法本真故。①

"极成"就是至极成就，"共许"在一定程度上也能称为至极成就。陈大齐如是解释：

> "极成"有两种含义，一是本真或真极，二是共许……所谓真极，即是真正有此事物，因明称实际上存在的事物为"有体"，称实际上不存在的事物为"无体"……所谓共许，即是立敌同许此事物为实有……实有与共许是两个条件，这两个条件必须具备，方得称为极成。②

在陈大齐看来，极成本身内含着共许。那么，在论辩中，立敌双方需要至极成就的是什么呢？"至理有故，法本真故"，立敌双方需要至极成就的是"理"之"有"与"法"之"真"，也就是要"极成真实"。"'真'主要从认识论角度，指如事物之本来面目；'实'主要是从实在论角度，指不依待他物而实有。"③ "极成真实"

---

① （唐）窥基：《因明入正理论疏》，CBETA 2024. R1，T44，no. 1840，p. 98a 15－19。
② 陈大齐：《因明入正理论悟他门浅释》，载释妙灵主编《真如·因明学丛书》，中华书局 2006 年版，第 36 页。
③ 陈兵：《佛法真实论》，宗教文化出版社 2007 年版，第 48 页。

就是立敌双方同时认可的真理，本质上是从认识论角度来支持因明论证，予以主体能够进行论证、展开论辩的认识基础。

一 极成真实

"极成真实"在弥勒的《瑜伽师地论》和世亲的《辩中边论》中都有论述。在《瑜伽师地论》中，有四种"极成真实"，分别是：

> 一者，世间极成真实；二者，道理极成真实；三者，烦恼障净智所行真实；四者，所知障净智所行真实。①

烦恼障净智所行真实②和所知障净智所行真实③都是就佛法修行而言，属于真谛，是出世间、离言分别的；世间极成真实和道理极成真实属于俗谛④，是世间的，寄言分别的。"真谛指对一切法空的认识，也就是所谓'性空'的观念；俗谛指世间认为事物真实的认识。"⑤ 因明唐疏将能立与能破归属于比量范畴，建立在名言分别的基础上。因此，因明唐疏中共许极成的真实，主要是指世间极成真实和道理极成真实。

世间极成真实，即指世间一切事物由人们约定俗成或者由其共性形成共识所安立的名称。比如，地不是火，色不是声等，即言

---

① [印度] 弥勒：《瑜伽师地论》，CBETA 2024. R1，T30，no. 1579，p. 486b12 - 15。

② "烦恼障净智所行真实"：一切声闻和独觉的无漏智，或能引无漏智的方便智，或无漏后得世间智的所行境界。（参见林国良《瑜伽师地论真实义品直解》，上海古籍出版社2022年版，第29页。）

③ "所知障净智所行真实"：对智了知所知一切法能起障碍作用的，称为所知障；从所知障得解脱之清净智的所行境界。（参见林国良《瑜伽师地论真实义品直解》，上海古籍出版社2022年版，第30页。）

④ 世俗谛：世间一般所见的真理、道理，又名俗谛。

⑤ 姚卫群：《印度婆罗门教哲学与佛教哲学比较研究》，中国大百科全书出版社2014年版，第116页。

"此即如此非不如此，是即如是非不如是"①。世亲在《辩中边论》中认为，世间极成真实"于根本三真实中，但依遍计所执而立"②，"遍计所执"又被称为分别性，与依他起性、圆成实性，统称为三自性③，在三自性中，遍计所执性被认为是妄执分别。因此，《唯识三十论颂》中说："此遍计所执，自性无所有"④，也就是说，遍计所执性是无，是不存在，既然是不存在，为何《辩中边论》还要说世间极成真实依遍计所执而立呢？这是因为"名遍计所执，相分别依他"⑤，《辩中边论》中所说从"名"来看，是遍计所执性，但从"相"与"分别"来看则是依他起性。"依他起自性，分别缘

---

① ［印度］弥勒：《瑜伽师地论》，CBETA 2024. R1，T30，no. 1579，p. 486b22–23。
② ［印度］世亲：《辩中边论》，CBETA 2024. R1，T31，no. 1600，p. 469c15–16。
③ 三自性：是唯识论特有的教理，指遍计所执性、依他起性、圆成实性。"遍计所执自性，依他起自性，圆成实自性。"（［印度］弥勒：《瑜伽师地论》，CBETA 2024. R1，T30，no. 1579，p. 345c1–2。）"遍计所执性"，又称为分别性、名言自性，是指"一切法假名安立自性差别"。安立名言，一方面是依据名言、离言两分法。如《解深密经·胜义谛相品》中说道，圣者证离言法性，依离言法性安立有为法与无为法，因此，安立的有为法和无为法是名言法；由名言法而起的名言自性，是遍计所执性。另一方面是依据"相、名、分别、正智、真如"五法体系。如《解深密经·心意识相品》说，一切种子心识有两种之首，其中之一是"相、名、分别言说戏论习气执受"。这里"相、名、分别"就是染分一切法。三者的关系，"分别"（识与心所）在"相"上安立了"名"，进而执"名"之"义"为实有，执此"义"是"相"之自性，这就是诸法的名言自性，此名言自性实际上在相上增益，所以是遍计所执自性。这两个方面的分析在本质上是一致的，因为相有名言相与离言相，未安立名的相是离言相，安立名的相是名言相。"依他起性（离言依他起性）"，是指"一切法缘生自性"，也就是说，一切缘起法，即一切有为法都是依他起自性。离言依他起性是识与心所变现，即是识或不离识，不能将离言依他起性看作是一种离识的独立存在。凡夫第八识、第五识和五俱意识所认知虽离名言，乃至认知的是离言相，但此离言相不是离言依他起性。因为这些识所认知的色法都由名言种子生起，而色法的名言种子无始以来已被熏成，所以，这些识的认知虽离名言，但所认知的仍是名言法，而非离言自性（离言依他起性）。"圆成实性"是依他起性的真实之体，即真如，能够遍满一切法，即圆满，不生不灭（成就），体性真实（真实）。
④ ［印度］世亲：《唯识三十论颂》，CBETA 2024. R1，T31，no. 1586，p. 61a15。
⑤ ［印度］弥勒：《辩中边论颂》，CBETA 2024. R1，T31，no. 1601，p. 478c26。

所生"①，依他起性是各种缘所起之法，因此是有，是存在。综上，从唯识五法②的"相""名""分别"来看，世间极成真实是世间人们在事物的"相"与"分别"上所安立的"名"。也就是说，从作为认识结果的"名"来看，是人们妄执分别，遍计所执；从作为认知对象的"相"与"分别"来看，则是因缘所生起之法，是依他。由此即说，世间极成真实属于世俗谛，是世间众生依世俗所达成的共识。

道理极成真实是人们通过感觉、推理等方式，对事物本身及事物间关系的真实认识。《辩中边论》中说道，"若有理义，聪睿贤善能寻思者，依止三量证成道理施设建立，是名道理极成真实"③，"有理义，聪睿贤善能寻思者"即智者，依据现量、比量、至教量证成的道理。而在《解深密经》中提到四种道理：

> 一者，观待道理；二者，作用道理；三者，证成道理；四者，法尔道理。④

观待道理是观待事物生起所需的因和缘；作用道理是事物本身所具有的特定作用；证成道理是说通过正确的论证得以成立，能够

---

① ［印度］世亲：《唯识三十论颂》，CBETA 2024. R1，T31，no. 1586，p. 61a16。
② 唯识五法：即"一相，二名，三分别，四真如，五正智"（［印度］弥勒：《瑜伽师地论》，CBETA 2024. R1，T30，no. 1579，p. 696a1 - 2。），其中，"相"是指语言概念所诠的对象，即事物的相状；"名"是对"相"的表达，指事物的名称；"分别"是说"三界行中所有心、心所"，推量思惟之意，是心、心所在对境产生作用时，取其相而思惟、量度的意思；"真如"，是指"法无我所显，圣智所行，非一切言谈安足处事"；"正智"，是指"谓略有二种：一、唯出世间正智，二、世间出世间正智。何等名为唯出世间正智？谓由此故声闻独觉，诸菩萨等，通达真如。又由此故，彼诸菩萨于五明处善修方便，多住如是一切遍行真如智故，速证圆满所知障净。何等名为世间出世间正智？谓声闻独觉以初正智通达真如已。由此后所得世间出世间正智"。（［印度］弥勒：《瑜伽师地论》，CBETA 2024. R1，T30，no. 1579，p. 696a4。）
③ ［印度］世亲：《辩中边论》，CBETA 2024. R1，T31，no. 1600，p. 469c16 - 18。
④ 《解深密经》，（唐）玄奘译，CBETA 2024. R1，T16，no. 676，p. 709b11 - 13。

使人了悟；法尔道理是事物本来所具有的规律性。其中，法尔道理是前三者的根本依据。即是说，凭借现量、比量、至教量的方式来认知以法尔道理为基本的观待道理、作用道理和证成道理。

因明唐疏论证建立在名言分别之上，按照唯识的根本观点——"三界唯心，万法唯识"，采用名言分别来认识世界，本身是对世界的虚妄认识。那么，因明唐疏论证是否能够真的认识世界呢？因明唐疏中所说的极成真实，究竟极成的是不是一种真实呢？《瑜伽师地论》中《真实义品》解释道：

> 若不起言说，则不能为他说一切法离言自性，他亦不能闻如是义。若无有闻，则不能知此一切法离言自性。为欲令他闻知诸法离言自性，是故于此离言自性而起言说。①

如果不借助名言分别，那就无法与他者阐释"一切法离言自性"，他者也不能明白其中的道理。想要让他者明白其中的道理，就必须通过名言分别的方式。因此说，借助名言分别是认识世界、开悟他者的必要手段。事实上，这也是"二谛"论中解释真谛与俗谛关系的关键。"人们最后都应体悟出真谛的道理，但说法的具体形式则要依赖于俗谛。俗谛尽管是世俗的言语或道理，然而不借助它，真谛就无法表达。即真谛本身是佛教的最高真理，它严格来说是超言绝相的，但要让人理解，又不得不借助言语或世俗的道理（俗谛）来表述它。"② 由此，林国良在《解深密经直解》中谈及"真实论"时，为我们提供了一条思路："在唯识论中，依真妄而论，依他起性是妄，不能说是真实；但就有无论真实，依他起性是有，所以也可说是一种真实。"③ 虽然就真妄而言，因明唐疏的论证采用名言分

---

① ［印度］弥勒：《瑜伽师地论》，CBETA 2024. R1, T30, no. 1579, p. 489c4 – 8。
② 姚卫群：《印度婆罗门教哲学与佛教哲学比较研究》，中国大百科全书出版社 2014 年版，第 116 页。
③ 林国良：《解深密经直解》，上海古籍出版社 2019 年版，第 32 页。

别，是对世界的虚妄认识，因为名言分别的方式，并不是真实的，是人们妄执所念。但是，就有无而言，因明唐疏的论证借用名言分别认识事物本身以及事物间的关系，观待因缘所起，其认知对象是真实的有，是真实的存在，所以也是一种真实。就世间极成真实和道理极成真实而言，所"极成"的"真实"正是指对事物本身及对事物间关系的真实认识。

综上所述，根据"极成真实"的含义，可以知道因明唐疏共许极成的规则，实质上是在极成的前提下要求共许。极成是在有无的层面上讨论真实，共许是在论辩的对立语境之下要求立敌双方达成共识。世间极成真实强调的是对概念层面上的极成，道理极成真实则是对关系层面上的极成，两者都是俗谛意义上的极成。而要达到真谛意义上的极成，就必须要在俗谛层面借助名言分别达成共识，依名言分别的"假说"来实现真谛层面的"真实"，这也践行了瑜伽行派"假必依实"的内在要求。

因此，共许极成规则中，"极成"在本质上强调因明唐疏中论证的终极目的依旧在于实现解脱，而"共许"则是在论辩层面下要求立敌双方的理性认同。这也就说明，因明唐疏中的论证规则作为评价佛学论证的标准，其本身不可能完全脱离佛教，但也要保证论辩活动的开展。共许极成规则调和了佛教瑜伽行派的义理与借助语言进行论辩活动的矛盾。

二 以极成成立不极成

在因明唐疏论辩的实际应用中，我们偏重从认知意义"共许"上说"极成"，那为何不直接使用"共许"还偏要加上"极成"呢？一方面，由于"极成"包括世间极成真实和道理极成真实，因此从极成的内容来看，其本身就内含着"共许"。另一方面，从唐疏的六因论证机制来看，"共许极成"实质上包含了两重视角。一个是从立论者的视角来看，立论者为证成所立宗义提出的论证即因和喻必须要以极成真实为基础，否则，就会出现能立法不成、所立法不成、犹豫不成、所依不成等过失。另一个则是从敌论者的视角来看，立论者提出的论证必须是敌论者能够接受的，否则，就会出现随一不成、两俱不成等过失。

（一）极成宗依与不极成宗体

因明唐疏中，宗依即指宗支上的有法和所立法，是构成宗支的两个概念，从句式结构上看，是命题的主语和谓语。《入论》说：

极成有法，极成能别。①

能别即为所立法。为什么要极成宗依呢？首先，从俗谛意义上分析，极成宗依属于世间极成真实，这是认识世界、展开论辩的认识前提。其次，从立论者提出论证的目的来看，立论者要证成所立宗义，而所立宗义成立的前提是宗依（有法和所立法）的概念意义必须要明确，即"为依义立，宗体方成"②。若是宗依上的概念界定模糊不清，那势必会出现认知上的偏差。所以，"宗依必须共许，共许名为至极成就。"③ 至极成就，方为极成。那为什么说在极成宗依时，要不极成宗体呢？这是因为立敌双方共许宗依，保证了论题中概念的明确性，也保证了立敌双方能在同一概念层面讨论问题。但是，宗作为立敌双方争论的主题，必然是要有针锋相对的论点，而这就是指在宗体上未极成，也就是说，立敌双方不能共许极成有法和所立法之间的不相离性，而不涉及宗依概念上的问题。欲要证成所立宗，立论者必须要进一步提出能立的因喻来论证。此外，就共许的程度而言，窥基认为"又显宗依，先须至于理极究竟"④，能够

---

① ［印度］商羯罗主：《因明入正理论》，（唐）玄奘译，CBETA 2024. R1, T32, no. 1630, p. 11b3。

② （唐）窥基：《因明入正理论疏》，CBETA 2024. R1, T44, no. 1840, p. 98a17。

③ （唐）窥基：《因明入正理论疏》，CBETA 2024. R1, T44, no. 1840, p. 98a18–19。

④ （唐）窥基：《因明入正理论疏》，CBETA 2024. R1, T44, no. 1840, p. 99c18。

作为宗依，首先得是"至于理极究竟"，这就是说，并不只是立敌双方认许便足以成为宗依，能够作为宗依被立论者提出来的，须为世间极成真实或者道理极成真实，是在"理"的层面上已经满足要求的。所以，因明唐疏虽然在立宗时强调共许，但也是有前提要求的。

（二）极成因法与极成因体

因明唐疏中，因法即指因支上的法，为宗有法的法。极成因法是为了显示立因的本质是"以因体共许之法，成宗之中不共许法"①，"共许之法"即指立论者和敌论者共许因体，即立敌双方共同认许宗有法和因法之间的不相离性是极成真实，"不共许之法"是指立论者和敌论者不共许宗体，即立敌双方不能在宗有法与所立法之间的不相离性上达成共识。换句话说，在宗支上，立敌双方共许宗依，不共许宗体，而在因支上，立敌双方既要共许因法的概念，同时也要共许宗有法与因法之间的不相离性。

《大疏》认为，所有的概念可以被二分为体和义，体概念即指事物自体，又可以被称为自性、有法、所别；义概念是指事物的属性或性质，又可以被称为差别、法、能别。在宗有法、所立法、因法三者中，宗有法为体概念，指事物自体，所立法、因法为义概念，指事物的属性或性质。根据极成真实的要求，宗有法作为体概念必须为有体，所谓"有体"，即"有有形之物质，有无形之心识，有因缘生之有为法②，有非因缘之无为法③"，有体要求概念的所指必须在现实世界中有所指。

因明唐疏中，极成因体即"显因之体以成宗故，必须遍是宗之

---

① （唐）窥基：《因明入正理论疏》，CBETA 2024.R1，T44，no. 1840，p.102c 9–10。

② 有为法：指因缘和合而生的一切事物。（参见丁福保主编《佛学大辞典》，"有为法"词条。）

③ 无为法：与有为法相对，指不依因缘和合而成的不生不灭、无来无去、非彼非此的绝对。原本是涅槃的异名。大乘佛教，尤其是中国佛教，以无为法为诸法之本体，与"法性""真如"等为同一含义。以法相唯识宗为代表。（参见丁福保主编《佛学大辞典》，"无为法"词条。）

法性"①，是指因三相的第一相"遍是宗法性"，要求立敌双方共许极成因法周遍是宗有法，即所有的宗有法都具有因法的性质。宗有法作为体概念本身具有多种属性，那么，立论者要选取哪一种共许的属性作为因法呢？这就要观待因法与所立法之间的关系，因法与所立法是义概念，义概念间的关系最终要通过体概念来判定。因此，以所立法为依据，具有所立法性质的体被称为同品，不具有所立法性质的体被称为异品，立论者和敌论者通过共许极成因的后二相——"同品定有性，异品遍无性"，即同品定有因法的性质，异品遍无因法的性质，来确定能够证成所立宗义的因法。由此来看，因明唐疏中，极成因体的实质是以因三相来确定因法。从语言层次②来看，因明唐疏三支论式是对象语言，因三相则是元语言。因明唐疏极成因体，本质上是从元语言的层次来规定因明唐疏论证的。

（三）极成喻体与极成喻依

因明唐疏中，极成喻体要求立敌双方都共许极成喻体的结构是"说因宗所随，宗无因不有"。陈那新因明较古因明在喻支上最大的变化是，新因明三支论式的喻支增加了喻体，用以表达因法与所立法之间的不相离性。"说因三相即摄二喻，二喻即因，俱显宗故"③，

---

① （唐）窥基：《因明入正理论疏》，CBETA 2024. R1，T44，no. 1840，p. 102c 1-2。

② 杨武金：《从现代逻辑的语言层次观看〈墨经〉逻辑》，《广西师院学报》（哲学社会科学版）2002年第2期。对象语言与元语言：塔斯基指出，"第一种语言是'被谈论'的语言，是整个讨论的题材"，"第二种语言是用来'谈论'第一种语言的语言"，"我们将把第一种语言称为'对象语言'，把第二种称为'元语言'"。（涂纪亮：《语言哲学名著选读》，生活·读书·新知三联书店1988年版，第257、255页。）对象语言是被断言、被分析的语言，元语言则是进行断言、进行分析的语言。弗雷格也曾强调要区分对象语言和元语言，他说："应该将用以形成我的思想过程的语言与这种辅助语言区别开，前者是通常书写或印刷的德语，是我的描述语言。与此相对，辅助语言是句子，是我的描述语言应该谈论的对象。"（王路：《弗雷格哲学论著选辑》，商务印书馆1994年版，第292页。）

③ （唐）窥基：《因明入正理论疏》，CBETA 2024. R1，T44，no. 1840，p. 109c 27-28。

其实在因三相中已经包括了同喻和异喻，同异二喻即为因，因为同喻和异喻都是为了显示所立宗义。但是在因明唐疏三支论式中，并没有因为因三相已经包括二喻，便取消喻支或者只说同喻或是只说异喻，而是在立三支论式时，二喻并举。窥基对此解释认为"然立因言，正唯为显宗家法性是宗之因，非正为显同有异无。顺返成于所立宗义，故于因外别说二喻"①，立因支主要是为了显示因法是宗有法的法，可以作为证成所立宗义的因，而不是为了显示因的后二相"同品定有性、异品遍无性"。为了从正反两个方面显示证成所立宗义，在立因支之外，还要另外说二喻。这就是"说因宗所随，宗无因不有"结构的作用。假如在三支论式中不说喻体，即不明确表达"说因宗所随，宗无因不有"的结构，那就"终不能显因与所立不相离性"②。因为喻支一旦没有喻体表达的结构关系，就会成为古因明五支论式的简单变体，"但由类所立义，然无功能，非能立义"③，只是通过类比相似于所立法性质的事物，却没有论证的效力，而不能作为能立进行论证。

喻依分为同喻依和异喻依，是喻支上的例证。从体和义上来区分，喻依同宗有法一样，都属于体概念。由于立论者所举示的同喻依理应与宗有法类似，因此，同喻依与宗有法作为体概念，在有无之上需要保持一致。也就是说，宗有法为有体，同喻依必须为有体，宗有法是无体，同喻依也必须是无体，异喻依则"有无皆异"，可以是有体也可以是无体，这也是符合同品为体类、异品为聚类的解释。

因明唐疏中，极成喻依要求立论者据实所举，同喻依既要具有因法的性质又要具有所立法的性质，异喻依既不具有所立法的性质又不具有因法的性质，且敌论者能够共许喻依。那么，极成喻依的

---

① （唐）窥基：《因明入正理论疏》，CBETA 2024.R1，T44，no.1840，p.110a5-7。
② （唐）窥基：《因明入正理论疏》，CBETA 2024.R1，T44，no.1840，p.110b7。
③ （唐）窥基：《因明入正理论疏》，CBETA 2024.R1，T44，no.1840，p.110b12。

作用是什么呢？一方面，是"举其喻依，有法结也"①，"譬如瓶等，显义已成"②，因明唐疏三支论式中，同喻依的作用类似于五支论式的结支，说到同喻依也就能够显示所立宗义已经成立，就不必再赘述结支的内容了；另一方面，"举瓶喻依，以显其事，便无一切皆相类失"③，举同喻依是为了显示喻体所陈述的事实，能够避免简单类比造成的过失。因此，"此举喻依，以彰喻体，标其所依有法，显能依之法非有"④，例举极成的喻依，是为了彰显喻体，说明喻体存在所依的自体。

实质上，共许极成是因明唐疏论证所要遵守的普遍规则。因明唐疏论证的目的是产生正确的认识，实现悟他。在因明唐疏论辩中，立论者欲要使敌论者产生正确的认识，必然要用敌论者所能接受的理由，论证敌论者所不能接受或者不赞成的观点。论辩中，立论者以三支论式进行论证时，需要极成的内容又有概念和关系之分。陈大齐认为，概念上的极成是体与义的极成，因此可以称为"体义极成"或者"实有极成"；关系上的极成是义于体上而依转的，因此可以称为"依转极成"。⑤ 因明唐疏论辩要求立敌双方共许极成宗依、因法、喻依、喻体、因三相。按照陈大齐的分类方式，宗有法、所立法、因法、喻依都属于体义极成或实有极成，因三相、喻体则属于依转极成。

---

① （唐）窥基：《因明入正理论疏》，CBETA 2024. R1, T44, no. 1840, p. 109c 19 – 20。

② （唐）窥基：《因明入正理论疏》，CBETA 2024. R1, T44, no. 1840, p. 111a3。

③ （唐）窥基：《因明入正理论疏》，CBETA 2024. R1, T44, no. 1840, p. 110b 4 – 5。

④ （唐）窥基：《因明入正理论疏》，CBETA 2024. R1, T44, no. 1840, p. 111b 23 – 24。

⑤ "极成，原是立敌共许的意思，但立敌所共许的，不止一事，可以是体与义的实有，亦可以是义在体上的依转。为了分别起见，立敌之共许体义为实有，不妨称为体义极成或实有极成，立敌之共许某义于某体上依转，不妨称为依转极成。"（陈大齐：《因明入正理论悟他门浅释》，载释妙灵主编《真如·因明学丛书》，中华书局2006年版，第56页。）

结合极成真实的内容来看，宗有法、喻依是体概念，所立法、因法是义概念，共许极成宗依、因法、喻依，也就是要在体概念的共性上形成义概念共识，这是从世间极成真实的视角来说的。喻体、因三相表述的关系，是在道理极成真实的视角来说的，喻体表达了"说因宗所随，宗无因不有"的关系，共许喻体，则是要在观待道理和作用道理上极成喻体关系。因三相作为因明唐疏论证的规则，立敌双方都要共许以因三相作为立、破的判定标准，从证成道理上极成因三相规定的"遍是宗法性，同品定有性，异品遍无性"。

现总结因明唐疏论证规则如下（见表6-3）：

表6-3　　　　　　　　　因明唐疏论证规则

共许极成	体义极成	极成宗依	前陈、后陈
		极成因法	因法
		极成喻依	同喻依、异喻依
	依转极成	不极成宗体	"随自乐为所成立性"
		极成因体	"遍是宗法性，同品定有性，异品遍无性"
		极成喻体	"说因宗所随，宗无因不有"

第三节　简别：对共许极成的应用

以上在因明唐疏三支论式中，我们所讨论的共许极成原则具体为两个方面：第一，体义极成，要求极成宗依、极成因法、极成喻依。第二，依转极成，要求极成因体、极成喻体、不极成宗体。这样，在因明唐疏三支论式中，就能够实现以极成成立不极成，也就是立论者用敌论者认同的因和喻来成立敌论者所不认同的宗。而在具体的论辩中，常常会出现立许敌不许或者敌许立不许的情况。比如用对方宗派的义理反驳对方，那么，在实际论辩中，我们是否会将此直接判定为过失，从而中止辩论呢？显然并不是这样的，玄奘所立的唯识比量显示，他在论辩中以"寄言简别"的方式，避免了这些过失。那么，玄奘是如何规定并使用"寄言简别"的方法呢，唐疏又是如何阐述的呢？这一方法应用于辩论的意义又是什么呢？

一 自比量、他比量与共比量

立论者和敌论者是如何运用共许极成原则的呢？明代真界记述："奘师云：夫立比量，有自他共，随其所应，各有标简"①，唐代玄奘认为比量有三种，根据不同的标识来简别，分别是自比量、他比量和共比量。奘门弟子在唐疏中均有所记载，如文轨的《广百论疏》②、窥基的《大疏》③ 等。在因明中，如果是自比量，三支论式的宗、因、喻中，都必须要依据自宗所许。如果是他比量，宗、因、喻都必须是依他宗所许，共比量则是立敌同许。因此，以上我们所讨论的共许极成规则是基于共比量而言。在具体的论辩中，我们要依据标识词分辨自比量、他比量、共比量。

因明唐疏根据对共许极成规则的应用程度，将比量分为三种，分别是自比量、他比量和共比量。由上一节讨论了因明唐疏论证中的共许极成规则可知，一旦在论辩中出现不共许极成的情况，便会出现谬误。但是在实际的论辩中，我们为了实现悟他常常会采取一

---

① （明）真界：《因明入正理论解》，CBETA 2024. R1，X53，no. 856，p. 912a12-13//R87，p. 93a9-10//Z 1：87，p. 47a9-10。

② "比量有三种：一、共相，二、自，三、他。有法、喻、因立敌具许，名共比量。有法、因、喻唯自所许，非他所许，名自比量。有法、因、喻唯他所许，非自所许，名他比量。"[（唐）文轨：《广百论疏卷第一》，CBETA 2024. R1，T85，no. 2800，p. 785a7-11。]

③ "凡因明法，若自比量，宗、因、喻中，皆须依自，他、共亦尔。立依自、他、共，敌对亦须然。"[（唐）窥基：《因明入正理论疏》，CBETA 2024. R1，T44，no. 1840，p. 116a22-23。]

些策略行为①，也就是在论辩中，根据自身需要有策略地使用论证或者反驳，以期实现说服对方的行为。窥基在《大疏》中对这一行为作了阐述："凡因明法，所能立中，若有简别，便无过失。若自比量，以许言简，显自许之无他随一等过。若他比量，汝执等言简，无违宗等失。若共比量等，以胜义言简，无违世间自教等失。随其所应，各有标简。"② 意思是说，按照因明的法则，论证之中如果能"简别"③，就不会存在过失。自比量中，用"许""自许"等简别词，就不会存在他随一不成等过失。他比量中，用"汝执"等简别词，就不会存在自教相违等过失。共比量中，用"胜义"来简别，就不会存在世间相违等过失。根据论辩的具体情况，采用不同的简别词来标识。实质上，善珠根据功用不同，就自比量④、他比量⑤和共比量⑥的立自破他进一步解释为"自比量名能立，他比量名

---

① 策略行为，指参与者通过以自我为中心的利益计算来指导其行为。它是工具主义的和以自我为中心的，其特点是个体行事者们力求通过一切有效手段而达到各自的目的，以产生对自己的最大利益。（参见彭漪涟、马钦荣主编《逻辑学大辞典》，上海辞书出版社2004年版，第497页。）

② （唐）窥基：《因明入正理论疏》，CBETA 2024. R1, T44, no. 1840, p. 115b 28 - c4。

③ 简别：甄别、鉴别的意思。汉传因明术语，指论辩中建立论式时明确概念、避免过失的一种手段。（参见姚南强主编《因明辞典》，上海辞书出版社2008年版，第93页。）

④ "且自比量，三支共许，称顺于宗。设他不成，量亦无失。所以尔者。自量唯立自宗，非破他所许义故。虽他不共许，然无比量之非。若尔自量，应非能立，非破他宗，不悟他故。于自宗义，虽先已知，为令无非，以量成立。故虽能立，非破他宗，量既立已，他许所成，即能悟他，亦名他悟。故自比量名为能立。"（［日］善珠：《因明论疏明灯抄》，东京：佛书刊行会1914年版，第94—95页。）

⑤ "若他比量，三分共许，宗等妙成。设自不容，量亦无过。所以尔者，他量唯破他宗非成自所许义故。虽自不共许，亦无比量之非。"（［日］善珠：《因明论疏明灯抄》，东京：佛书刊行会1914年版，第95页。）

⑥ "若共比量，宗因喻三，立敌共许，其量方成。若互所无，即不成立。所以尔者，由共比量，一立自宗，二破他义。故三支内，并须极成。若不极成，即名似立。"（［日］善珠：《因明论疏明灯抄》，东京：佛书刊行会1914年版，第95页。）

能破"①。

　　陈望道和石村都认为，自比量、他比量、共比量三分的依据是立论者的目的和意图。第一，自比量是仅为立论者所许，不为敌论者所许的论证，不是用来反驳对方，只是用来建立自宗。如果在论辩中没有使用简别词"许""自许"等进行标识，那么就会产生谬误。具体说，在宗上会出现所别不极成，在因上会出现他随一不成，在喻上会出现俱不成等过失。第二，他比量是与己方观点无关，而为敌方所认许的论证，也可以称为以子之矛、攻子之盾的论证方式，主要是用于反驳。如果在论辩中没有使用简别词"汝执"等来表示，那么就会出现谬误。具体说，在宗上会出现所别不极成，在因上会出现自随一不成，在喻上会有俱不成等过失。第三，共比量，即对诤的论法，立论者和敌论者是以共许极成为前提来论证。一般情况下，无须简别词标识，既能用于建立自宗，又能用于破斥他宗，是论辩惯用的一种反驳论式。②

二　因明唐疏论辩中的策略行为分析

　　诚然，为了获得论辩的胜利，论辩双方会以自比量、他比量和共比量来避免谬误，但是在真正的操作中，情况要复杂得多。比如，窥基在总结"共不定"时，说道："然诸比量，略有三种。一他，二自，三共。他比量中略有三共，自比共比，各三亦然，合有九共。今此举三，恐文繁故，下皆准知。一他共，二自共，三共共。"③ 比量有三种，即他比量、自比量和共比量，"共不定"也有三种，分别是他比量的共不定、自比量的共不定和共比量的共不定，在他比量的共不定中还有三种，分别是他共不定、自共不定和共共不定，以此类推，有九种共不定。据此可知，三种比量之后还能三分，共有

---

　　① ［日］善珠：《因明论疏明灯抄》，东京：佛书刊行会1914年版，第95页。
　　② 参见陈望道、石村《因明学概略　因明述要》，载妙灵主编《真如因明丛书》，中华书局2008年版，第32—34、124—125页。
　　③ （唐）窥基：《因明入正理论疏》，CBETA 2024. R1，T44，no. 1840，p. 123c9 – 12。

九种组合。依据《大疏》"共不定"的九种分类方式,大致可以总结出九种自比量、他比量和共比量的排列方式(见表6-4)。

表6-4　　　　　　　　　　　共不定

宗：自 因和喻：自	宗：自 因和喻：他	宗：自 因和喻：共
宗：他 因和喻：自	宗：他 因和喻：他	宗：他 因和喻：共
宗：共 因和喻：自	宗：共 因和喻：他	宗：共 因和喻：共

分别来看,第一,"自自",是用自己所认可的因和喻,论证自己所认可的宗,即宗、因、喻都是自许。第二,"自他",是用他人所认可的因和喻,论证自己所认可的宗,即宗为自许,因和喻为他许。第三,"自共",是用双方都认可的因和喻,论证自己所认可的宗,即宗为自许,因和喻为共许。第四,"他自",是用自己所认可的因和喻,论证他人所认可的宗,即宗为他许,因和喻为自许。第五,"他他",是用他人所认可的因和喻,论证他人所认可的宗,即宗、因、喻都是他许。第六,"他共",是用他人所认可的因和喻,论证双方共许的宗,即宗为共许,因和喻为他许。第七,"共自",是用双方共许的因和喻,论证自己所认可的宗,即宗为自许,因和喻为共许。第八,"共他",是用双方共许的因和喻,论证他人所认可的宗,即宗为他许,因和喻为共许。第九,"共共",是用双方共许的因和喻,论证共许的宗,即宗、因、喻都是共许。需要注意的是,共许的宗是指共许极成宗依,而不是共许极成宗体,是就论题中的概念而言的,而不是由概念而构成的命题的共许。共许极成宗体存在相符极成的过失。而判定这些论式,则要根据论辩的具体情况来分析。

论辩中反驳自比量、他比量或共比量时,也必须要有针对性地立量。"立依自他共，敌对亦须然，名善因明无疏谬矣"①，郑伟宏对此解释说："敌方立的是共比量，己方也应以共比量破之；敌方立的是自比量，在己方看来是他比量，己方应以他比量破之；敌方立的是他比量，在己方看来是自比量，己方应以自比量破之。一一对应，不可错乱。这样才能达到破敌的目的。"②

因明唐疏通过简别区分自比量、他比量和共比量，实现了对共许极成规则的灵活应用。从论证理论来看，因明唐疏简别的方式类似于在论证中使用策略行为，以求平衡论证的合理性与实效性。在这一过程中，"仅当处于论辩合理性的界限之内时，关注修辞实效性才有意义；只有当把合理性与旨在实现实效性的修辞工具相联系时，那么设定合理性的论辩标准才具有实践意义"③。一般情况下，采用简别的方法是为了避免不极成的过失，尤其是各派在教义义理上进行论辩时，简别的方法有利于维护各自教派的教义，维护各自的文化圈，保护文化多样性。

综上所述，从狭义论证来看，因明唐疏三支论式的形式规则是因三相。但因明唐疏论证是广义论证，因此，因明唐疏论证的规则不仅涉及逻辑意义上的形式规则，还涉及论辩和修辞规则。大体上，形式规则包括辩因规则、引喻规则，保证了论证的充分性和相关性，论辩和修辞规则包括立宗规则，构造对立语境。共许极成规则是比量规则，要求以极成来成立不极成，保证了论证的可接受性，以及在论辩中，作为例证的喻依要除宗有法，避免循环论证。此外，在论辩中，一般会采用简别的方式应用共许极成原则。参与主体会采用利于己方的策略行为，来实现论证的效果，说服对方。依据立论者的目的和意图，可以分为自比量、他比量和共比量，应用简别的方法有利于保护文化的多样性。

---

① （唐）窥基：《因明入正理论疏》，CBETA 2024. R1，T44，no. 1840，p. 116a 23-24。

② 郑伟宏：《佛家逻辑通论》，中西书局2024年版，第106页。

③ [荷] 范爱默伦等：《论证理论手册》，熊明辉等译，中国社会科学出版社 2020年版，第662—663页。

第七章

从因明唐疏论证理论剖析藏传辩经

　　因明唐疏论证理论是以陈那新因明早期思想为基础，从论证机制、论式、论证规则等方面形成的一套比较成熟的论证理论体系。藏传因明是指法称及其后学的因明思想在藏地传播发展，逐渐被本土化所形成的一门独特学问。辩经即是藏传寺庙以五部大论为主要内容，应用因明进行辩论的活动。从源头来看，法称是陈那的再传弟子，法称的因明思想继承了陈那晚期量论思想，因明唐疏传承了陈那新因明早期思想，两者在一定程度上可以说是同源的。不同的是，以因明唐疏为核心的汉传因明在传承中几近绝学，而藏传因明吸收法称及其后学的因明思想，逐渐形成本土化的因明论证体系，并将因明应用于论辩，发展出具有藏地特色的寺庙辩经沿用至今。

　　一场简单又完整的辩经主要是由针锋相对的论题、对辩双方的攻守和论辩规则构成。在辩论场上，攻方作为反驳者以应成式问难，守方作为敌论者则以四种方式回答。辩经本质上采用的是归谬法，能够有效地排除矛盾，充分发挥参与者的理性。对辩双方是如何展开辩经的呢？是否有章可循？笔者在此谨以红白颜色之辩为例，从因明唐疏论证理论剖析辩经，实际上是从因明唐疏的论式、论证规则、论证机制等方面来解析藏传辩经。

第一节　从因明唐疏的论式和论证规则
看辩经中的应成式

辩经在藏语中被称为"切措",意为"佛法辩论",即印度佛教的论义。自其传入藏地以后,经历代僧人改革,臻于完善①。其中贡献最大者当推公元12世纪中期僧人恰巴·却吉僧格。他所撰的《摄类辩论》②奠定了藏传辩经的基本形态,逐渐形成"摄类学—因类学—心类学"的具体进阶学习次第。据传,恰巴·却吉僧格治学过程中发现因明义理晦涩难懂,而其中名相、概念的学习又至关重要,于是他专门写出《摄类辩论》,将陈那、法称的因明学说概括为十八对范畴,经历代高僧大德完善和发展,逐渐形成小理路、中理路、大理路的学习次第,由浅入深,由易到难,循序渐进地展开,奠定了藏传佛教辩经的基本形态及学习模式。自此,以"摄类"为基础的论辩形式被系统地引入佛学理论的学修实践之中,成为藏传佛教独具特色的寺院教育体系和辩经考试制度③。以格鲁派寺院为例,学僧们的首要任务就是学习并掌握辩经的方法,养成辩经的思维习惯,因为以因明、般若、中观、俱舍、戒律等"五部大论"的学修,都要通过辩经的方式来学习,学位晋升也要通过辩经来获得。

---

① 参见郑堆主编《中国因明学史》,中国藏学出版社2017年版,第593页。

② 《摄类辩论》又称为《摄义辩论》《量论摄义》,是藏传佛教格鲁派学习因明的入门书籍,作者恰巴·曲桑(又称恰巴·却吉僧格,法狮子),是西藏噶当派高僧。该书确立了以辩论的方式学习因明的传统。(参见彭漪涟、马钦荣主编《逻辑学大辞典》,上海辞书出版社2010年版,第261页。姚南强主编《因明辞典》,上海辞书出版社2008年版,第164—165页。)

③ 参见秀仁《藏传佛教与蒙古地区佛教辩经形式的起源及学制特点研究》,载郑堆主编《藏传因明研究·5》,中国藏学出版社2019年版,第31页。

一 三支论式与应成式

应成式本质上是二支论式，由宗支和因支构成，其基本形式是"宗前陈有法，应是宗后陈，是因故"。例如，"声无常，所作性故。"其中，"声"是宗前陈，"无常"是宗后陈，"所作性"是因，将其翻译为应成式就是"声有法，应是无常，是所作性故"。应成式宗支由两部分构成，其中，"有法"即指宗前陈，是标识词，用以标识宗前陈，有时也可以省略。比如，祁顺来在《藏传因明学通论》中，将应成式表述为"声音（有法）应成无常，所作性故"，即表示"有法"是可以省略的。

与应成式不同，因明唐疏的论式沿用了陈那的三支论式。而应成式与陈那三支论式及法称的同、异法式既有联系，又有区别。首先，从构成上看，陈那三支论式由宗、因、喻三支构成，法称同、异法式则由喻支和因支构成，省略了宗支，而应成式则是由宗支和因支构成的。其次，从功能上看，陈那三支论式和法称同、异法式都是用于立自宗的能立论式，而应成式则是用于破他宗的能破论式，"对于推理形式，特别是反驳形式做了有效的简化，使之更便于实际应用"[1]，"主要在宗、因上，立论者与敌论者展开针锋相对层层追逼的论证"[2]。

本质上说，应成式是能破。《大疏》总结能破有两种，一种是出过破，直接指出论式的错误之处；另一种是立量破，建立与立论者观点相反的论式。显然，反驳者以应成式驳斥敌论者的基本观点，并不属于出过破，而应该属于立量破。与《大疏》立量破不同的是，应成式并不是直接成立与对方观点相矛盾的论点，而是在对方基本观点的论域中，找到一个反例，以此为宗有法建立应成式。这从立

---

[1] 刘培育：《中国因明研究：为往圣继绝学》，《中国社会科学报》2017年4月6日第6版。

[2] 杨化群：《藏传因明学》，西藏人民出版社2002年版，第37页。

量破的定义来看，属于立量破的一种特殊应用。

那么，反驳者构造应成式的规则是什么，又是如何保证应成式能够被敌论者接受的呢？首先是立宗。反驳者立宗的关键在于找到反例，以反例作为应成式的宗前陈，而反例要根据敌论者所立的观点来确定。也就是说，敌论者给出论点之后，反驳者在其论点的论域之中找到反例，以此为宗前陈，并成立与敌论者观点相反的宗。例如，敌论者认为"凡食物皆水果"，反驳者发现"白菜"是食物但不是水果，由此反驳者立应成式的宗为"白菜有法，应是水果"。其次是立因。反驳者所选择的"因"，必须要是敌论者能够接受的，所谓能接受，是指敌论者能够接受反驳者应成式中的"因"与宗前陈之间的关系和"因"与宗后陈之间的关系。一般而言，敌论者接受"因"与宗前陈之间的关系是宗前陈具有因的性质，称之为"许因"，接受"因"与宗后陈之间的关系是具有因的性质的事物都具有宗后陈的性质，称为"许周遍"。这就是说，"在一个无过失应成式中，一旦敌论者许因、许周遍，则承许宗"①，正如《量理庄严》所言："应成式之性相，立因与周遍在对方认识（思想）上成立，且能遣除宗义示因句。"② 同时也是祁顺来所指的"所抛论式之立因与周遍被敌论者之量识或意许成立，立宗被量识或被敌论者观点所遣除的应成语就是一个真实的应成推论式"③。比如，反驳者以"白菜是食物"为因，根据敌论者"凡食物皆水果"的观点，反驳者可以得出"白菜是水果"的结论。因此，反驳者立应成式"白菜有法，应是水果，是食物故"，如果在这个应成式中，敌论者接受了"白菜是食物"这个因，那么这个应成式便成立了，因为如果敌论者一旦接受了宗前陈是因，且因与宗后陈具有周遍关系——白菜是食物，且凡食物皆水果，那么他势必要接受宗前陈是宗后陈的结

---

① 许春梅：《藏传辩经原则的形式化》，《世界宗教文化》2018 年第 6 期。
② 转引自祁顺来《藏传因明学通论》，青海民族出版社 2017 年版，第 339 页。
③ 祁顺来：《藏传因明学通论》，青海民族出版社 2017 年版，第 340 页。

论——白菜是水果。总而言之，反驳者抛出的应成式如果满足了"许因"和"许周遍"这两个要求，那么敌论者势必要接受反驳者所立的宗。这是反驳者构造应成式的具体步骤，也是保证应成式具有合理性的论证规则。

二 敌论者以四种方式回应应成式

敌论者作为守方回答反驳者应成式的方式有且仅有四种，即"承许""因不成""不周遍"和"周遍相违"[1]。这四种回答方式穷尽了宗前陈、宗后陈、因三者之间的关系。如果我们用 S 表示宗前陈，M 表示因，P 表示宗后陈，那么，反驳者抛出的应成式则为"S 有法，应是 P，是 M 故"。

（一）回答"承许"

敌论者首先要考虑："S 是 P 吗？"当敌论者同意 S 是 P 时，即为"承许"，其完整回答是"承许，S 是 P"。比如，反驳者抛出应成式"苹果有法，应是水果，是蔬菜故"，敌论者同意苹果是水果，那么，无论反驳者给出的 M 与 S 和 P 具有怎样的关系，敌论者只要能接受 S 是 P，就必须回答"承许，苹果是水果"。

（二）回答"因不成"

当敌论者认为"S 不是 P"时，那么他要考虑能否接受因，即："S 是 M 吗？"如果"S 不是 M"时，即为"因不成"，其完整回答应是"S 是 M，因不成"。比如，反驳者抛出应成式"苹果有法，应是香蕉，是蔬菜故"，由于敌论者不能接受苹果是香蕉，也不能接受苹果是蔬菜，因此，敌论者回答"苹果是蔬菜，因不成"。

（三）回答"不周遍"

如果敌论者认为"S 不是 P"且"S 是 M"，那么他要考虑周遍关系，即："有 P 是 M 吗？"若"有 P 是 M"时，根据 S 不是 P，S

---

[1] "承许"表示同意，"因不成"表示因不能成立，"周遍"表示包含关系，"不周遍"是说因没有完全包含在宗后陈之中，"周遍相违"是说因与宗后陈是相违关系。

是 M，所以 M 与 P 之间的关系是 M 与 P 交叉或者 P 真包含于 M，即为"不周遍"，其完整回答应是"若是 M 不周遍是 P"。比如，反驳者抛出应成式"苹果有法，应是橘子，是水果故"，虽然苹果确实是水果，但水果并不都是橘子，比如香蕉、梨子等都是水果，但不是橘子，所以，敌论者回答"若是水果不周遍是橘子"。

（四）回答"周遍相违"

若敌论者认为"S 不是 P""S 是 M"且"P 不是 M"时，即为"周遍相违"，其完整回答应是"若是 M 周遍不是 P"。比如，反驳者抛出应成式"苹果有法，应是馒头，是水果故"，虽然苹果确实是水果，但是馒头不是水果，所以敌论者应回答"若是馒头周遍不是水果"。

敌论者的抉择路径看起来很复杂，但却有章可循，逻辑性极强。反驳者依据"许因""许周遍"的要求建立应成式，敌论者也是依据这两个要求来判定应成式。对于敌论者来说，"许因"即考虑："S 是 M 吗？""许周遍"即考虑："有 P 是 M 吗？"

为了更清晰直观地表达，我们用思维导图表示如下（见图 7-1）。

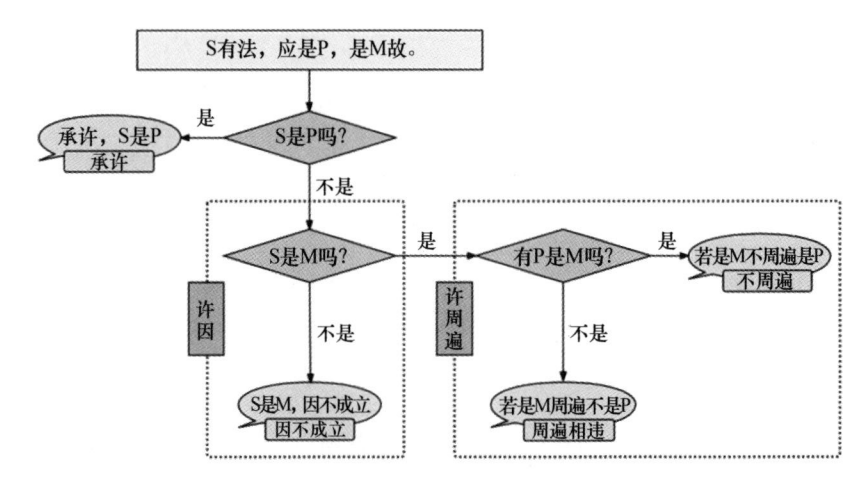

图 7-1 对应成式的回应

不难发现，敌论者虽有四种回答方式以供选择，但是在具体的论辩中通常会循着一定的路径来帮助其作出抉择，即：一个应成式给出时，敌论者会首先考虑宗支是否成立，如果成立，则作肯定回答"承许"，如不然，则进一步考察因与宗前陈的关系。如果因不是宗前陈的属性，则回答"因不成"，如不然，则再往下考虑因与宗后陈的关系。如果有宗后陈是因，则回答"不周遍"，如不然，则回答"周遍相违"。这样的抉择路径看起来有些麻烦，却是最易操作的，因此，如果能够反复练习，熟能生巧，那么一旦训练成本能，便能在激烈的论辩中作出快速反应，这也正是学僧们花大量时间训练的原因之一。

敌论者根据论证规则判定应成式，实际上是以出过破的方式回应反驳者。敌论者用四种方式回应反驳者，表达出来两种态度。第一种是对反驳者应成式的肯定，即回答"承许"，同意 S 是 P，从而意识到其基本观点的漏洞。第二种是对反驳者应成式的否定，也就是认为反驳者的驳斥是错误的，是似能破，即回答"因不成""不周遍""周遍相违"。从能破的类型来看，这三种回答属于直接指出对方错误的出过破。

三　因明唐疏论证规则与应成式的论证规则

大致上说，因明唐疏论证与应成式的论证规则都体现了论证的充分性、相关性和可接受性。从上述反驳者提出应成式到敌论者判定应成式，攻守双方都是依据"许因""许周遍"，也就是说，应成式的论证规则是"许因""许周遍"。"许"强调了论辩中的可接受性，"许因"和"许周遍"保证应成式论证具有相关性和充分性。其中，"许因"要求 S 是 M，保证宗前陈具有因的性质，也就保证了相关性，"许周遍"要求凡 M 都是 P，保证了所有具有因的性质的事物都具有宗后陈的性质，也就保证了充分性。因明唐疏的论证规则以共许极成规则强调论辩中的可接受性，以因三相保证三支论式的相关性和充分性，其中，因的第一相"遍是宗法性"要求宗前陈具有因法的性质,这保证了相关性,因的第二相和第三相"同品定有性,异品遍无性"要求具有因法性质的事物都具有所立法(宗后陈)的性质,并存在除了宗有法(宗前陈)以外的具体实例满足这一要求,这保证了充分性。

具体比较二者的论证规则。首先,因明唐疏论证规则中的共许极成规则,一方面要求共许极成概念,即体义极成;另一方面要求共许极成关系,即依转极成。并且,在唐疏中以简别词来表达"许",区分出自比量、他比量和共比量,自比量只能立自宗,他比量只能破他宗,共比量既可以立自宗又可以破他宗。应成式的"许"并不强调概念方面的共许极成,而是要求依转极成。这是因为,应成式"以子之矛攻子之盾"的论证方式,本身是建立在对方基本论点之上,已经默许了对方的概念,因此,需要主要强调关系上的共许极成。其次,因明唐疏论证规则中的因三相,在相关性表现上都是一样的,要求宗前陈必须具有因法的性质,但是在充分性上却存在差别。应成式并不要求例举除宗有法(宗前陈)以外的具体实例来体现论证的充分性。这也许是因为应成式本质上是能破。只需找出一个符合规则的反例来建立应成式,而不必继续追加实例来说明或显示周遍关系。

第二节 从因明唐疏六因论证机制看红白颜色之辩

红白颜色之辩是摄类学小理路的开篇,是摄类学辩论最简单的案例。应成式是应用于辩经的论证方式,只有在论辩中才能凸显其特征。根据红白颜色之辩,我们大致可以了解辩经最一般的程序,也能具体看出如何将应成式用于辩经之中。因明唐疏六因论证机制依据生、了二因确定严格的对立语境,生因表示产生与被产生关系,即由智生言,表达了提出论证或反驳一方的思维理路,了因表示引起与被引起关系，即因言开悟，表达了通过论证得以开悟一方的思维理路。在藏传辩经中，反驳者提出应成式即可用生因来描述，敌论者判定应成式即可用了因来描述。那么在因明唐疏六因论证机制的描述之下，反驳者每一句应成式设置的依据是什么，又是如何一步步迫使敌论者放弃基本观点的呢？

一 红白颜色之辩

在红白颜色之辩中，敌论者坚持"若是显色，遍是红色"的基本主张，反驳者为了使其主动放弃该主张，于是就组建了一系列的应成式，一个应成式紧接着一个应成式，环环相扣，恰似串珠，故而又有"应成连珠"[①] 之称。反驳者每一次抛出的应成式都是一次策略性的引导，最终反驳者迫使敌论者得出与其基本观点相矛盾的结论，使敌论者不攻自破。红白颜色之辩的口头对辩过程[②]如下：

> 反驳者：滴……若是有法，若是显色，遍是红色。
> （"滴"是"嗡阿若巴佳呐滴"文殊菩萨智慧咒的简称）
> 敌论者：周遍。
> 反驳者：白法螺之显色有法，应是红色，是显色故。已许此遍。
> 敌论者：白法螺之显色是显色，因不成。
> 反驳者：白法螺之显色有法，应是显色，是白色故。
> 敌论者：白法螺之显色是白色，因不成。
> 反驳者：白法螺之显色有法，应是白色，是与白法螺之显色是一故。
> 敌论者：承许，白法螺之显色是与白色。

---

① 虞愚等：《中国逻辑史资料选》（因明卷），甘肃人民出版社1991年版，第469页。

② 参见第五届、第六届、第七届全国因明后备人才培训教材译文《赛仓摄类学》（赛仓·阿旺扎西著）。

反驳者：白法螺之显色有法，应是显色，是白色故。已许此因。

敌论者：承许，白法螺之显色是显色。

反驳者：白法螺之显色有法，应是红色，是显色故。已许此因、此遍。

敌论者：承许，白法螺之显色是红色。

反驳者：白法螺之显色有法，应非红色，是白色故。

敌论者：周遍不定，若是白色周遍不定非红色。

反驳者：应周遍，若是白色应周遍非红色，白色与红色二者无同分故。

敌论者：白色与红色二者无同分，因不成。

反驳者：白色与红色之同分应无，白与红相违故。

敌论者：承许，白色与红色二者应无同分。

反驳者：若是白色应周遍非红色，白色与红色二者无同分故。已许此因、此遍。

敌论者：承许，若是白色是非红色。

反驳者：白法螺之显色有法，应非红色，是白色故。

敌论者：承许，白法螺之显色是非红色。

反驳者：白法螺之显色有法，应是红色，是显色故。已许此因、此后陈、此周遍。三许！

敌论者：周遍不定，若是显色周遍不定是红色。

为了方便叙述，整理如下（见表7－1）。

表7－1　　　　　　　　红白颜色之辩

		反驳者问	敌论者答
准备阶段	0	滴……若是有法，若是显色，遍是红色故。	周遍

续表

		反驳者问	敌论者答
对抗阶段	(1.1)	白法螺之显色有法，应是红色，是显色故。（已许此遍）	因不成
	(1.2)	白法螺之显色有法，应是显色，是白色故。	因不成
	(1.3)	白法螺之显色有法，应是白色，是与白法螺之显色是一故。	因不成
	(2.1)	白法螺之显色有法，应是与白法螺之显色是一，是彼成事故。	承许
	(2.2)	白法螺之显色有法，应是白色，彼与彼是一故。（许因）	承许
	(2.3)	白法螺之显色有法，应是显色，是白色故。（许因）	承许
	(2.4)	白法螺之显色有法，应是红色，是显色故。（许因、许周遍）	承许
	(3.1)	白法螺之显色有法，应非红色，是白色故。	不周遍
	(3.2)	（应周遍，若是白色，应非红色）	
	(3.3)	若是白色应非红色，白色与红色两者无同分故。	因不成
	(4.1)	白色与红色两者无同分，白色与红色相违。	承许
	(4.2)	若是白色应非红色，白色与红色两者无同分故。（许因）	承许
	(4.3)	白法螺之显色有法，应非红色，是白色故。（许因、许周遍）	承许
	(5.1)	白法螺之显色有法，应是红色，是显色故。（三转）	不周遍
宣布结果	(6.1)	若是显色，周遍是红色，无不周遍之过失。	因不成
	(6.2)	安立不周遍之过失。	白法螺之显色有法

从上表不难发现，辩经过程大体可以分成准备、对抗和宣布结果等三个阶段：

（0）是准备阶段，反驳者虽然不同意敌论者的观点，但并不急于否定敌论者的观点，而是明确敌论者的主张之后，顺着对方的观点，一步步往下推，看能得到什么，颇有欲擒故纵之感，类似于苏格拉底的"助产术"。

（1.1）至（5.1）是对抗阶段，反驳者选择了一个是显色，又不是红色的"白法螺之显色"为例，试图从"对方所认可的观念出发，符合逻辑地推出对方也必然要接受的观念"。其中，（1.1）至（2.4）是反驳者迫使敌论者接受"因"的论证过程。这一过程中，反驳者必须保证每个应成式的因与其前一个应成式的因之间在外延上是收敛的，也就是使因的外延一个比一个小，"显色"包含"白色"，"白色"又包含"与白法螺之显色是一"等，其目的在于寻找能够被敌论者所接受的因，即（1.1）至（1.3）。敌论者一旦接受了这个因，实际上也就能够向上回溯，产生多米诺骨牌效应，最终使敌论者接受之前认为是"因不成"的每一个应成式，即（2.1）至（2.4），按照反驳者的引导，敌论者得出"白法螺之显色是红色"的结论。（3.1）至（4.3）是反驳者迫使敌论者承认因与宗后陈具有"周遍"关系的论证过程。在这一过程中，敌论者得出的结论是"白法螺之显色是非红色"。因此，在对抗阶段反驳者通过归谬法使敌论者的主张产生矛盾，类似于亚里士多德所说的"论辩的论证"（dialectical arguments），即"根据普遍认可的前提推出一个与指定命题相矛盾的那些论证"①，"是从对手的立场中导出必然的结果（用以驳斥它）"②。

（6.1）至（6.2）是宣布结果的阶段，敌论者承认"白法螺之显色"是他最初主张的反例，从而主动放弃"若是显色，遍是红色故"的基本主张。

二 应成连珠的构造规则

通过上述简要介绍，对辩经过程有了大致认识以后，现在我们将重点分析反驳者是如何从敌对者的主张得出矛盾，这是对抗阶段，也是辩经过程中最为精彩的部分。对于反驳者来说，最重要的是布好局，构建出一连串环环相扣的特殊的应成式，一方面使得敌论者只能做"承许"或"因不成"的回应，另一方面又要保证一旦敌论者做出了"承许"的回应后，则必然逻辑地推出结论。要构建满足

---

① Aristotle, *Sophistical Refutations*, Jonathan Barnes, The Complete Works of Aristotle, Princeton, Princeton University Press, 1991, p. 3.
② ［英］渥德尔：《印度佛教史》，王世安译，商务印书馆1987年版，第434页。

这些特殊要求的应成式必须遵循如下三条规则：

（1）必须使敌论者认可每个应成式的宗后陈与因之间具有周遍关系，即保证因的外延为宗后陈的外延所包含，也就是"许周遍"。这点比较容易做到。如上表中，（1.1）至（5.1）各应成式的因与宗后陈之间都具有周遍关系。

（2）必须保证每个应成式的因与其前一个应成式的因之间在外延上是收敛的，其目的在于寻找能为敌论者所接受的因。如上表中，从（1.1）至（1.3），因的外延一个比一个小，"显色"包含"白色"，"白色"又包含"与白法螺之显色是一"等。

（3）为了保证"应成连珠"的这串因是一个收敛序列，在技术处理上，必须保证每个应成式的宗后陈都是其前一个应成式中"因不成"的因。如此操作必将产生多米诺骨牌效应，一旦承许了某个应成式的结论，则必将接受其之前的所有应成式的结论。如上表中，反驳者要使敌论者接受（1.1）中的应成式，如敌论者不承许，则将其因"显色"当成（1.2）中的应成式宗后陈来论证，同时为该应成式选择一个在外延上比"显色"更小的概念作为因，如选"白色"。如果敌论者还是不能接受（1.2）的结论，则将其因"白色"当作（1.3）中的应成式的宗后陈来论证，同时还得为该应成式选择一个在外延上不比"白色"外延大的概念作因，如选择"白色"本身，即"与白法螺之显色是一"为因。若敌论者再不承许，则将"与白法螺之显色是一"作为（1.4）的宗后陈来论证，至此，敌论者不得不接受，因为（1.4）的结论已满足同一律。事实上，在具体的论辩过程中，应成连珠的因序列不一定总要收敛至同一律等基本逻辑律，只要收敛至敌论者能接受即可。

根据辩经的三条论辩规则，我们可以大致给出辩经完整过程的一般形式，具体如下（见表7-2）。

表 7-2　　　　　　　　　红白颜色之辩的形式化

		反驳者问	敌论者答
对抗阶段	(1.1)	S 有法，应是 P，是 M 故。（已许此遍）	因不成
	(1.2)	S 有法，应是 M，是 M_1 故。	因不成
	(1.3)	S 有法，应是 M_1，是 M_2 是一故。	因不成
	(…)	……	因不成
	(1.i+1)	S 有法，应是 M_{i-1}，是 M_i 故。	承许
	(2.1)	S 有法，应是 M_{i-2}，是 M_{i-1} 故。（许因）	承许
	(…)	……	承许
	(2.i-1)	S 有法，应是 M，是 M_1 故。（许因）	承许
	(2.i)	S 有法，应是 P，是 M 故。（许因、许周遍）	承许
	(3.1)	S 有法，应不是 P，是 M_j 故。	不周遍
	(3.2)	（应周遍，若是 M_j，应不是 P）	
	(3.3)	若是 M_j，应不是 P，M_j 与 P 两者无同分故。	因不成
	(4.1)	M_j 与 P 两者无同分，M_j 与 P 相违故。	承许
	(4.2)	若是 M_j，应不是 P，M_j 与 P 两者无同分故。（许因）	承许
	(4.3)	S 有法，应不是 P，是 M_j 故。（许因、许周遍）	承许
	(5.1)	S 有法，应是 P，是 M 故。（三转）	不周遍
宣布结果	(6.1)	若是 M，周遍是 P，无不周遍之过失。	因不成
	(6.2)	安立不周遍之过失。	S 有法

注：i，j 都是自然数，且 1≥j>i。

其中，"若是 M，遍是 P 故"是敌论者原主张，也是反驳者要驳斥的靶子。S 是特例。(1.1) 至 (1.i+1) 是寻找敌论者所能接受的观点（或因）的过程，M 到 M_i 这个因序列是一个收敛序列。一旦找到了敌论者所接受的这个因 M_i，就如同找到了"阿基米德支点"，由于每个应成式的因与宗后陈都有周遍关系，则可回溯，一一得证，使得敌论者必然要接受之前的所有应成式，这就是 (2.1) 至 (2.i) 的论证过程。同理，(3.1) 至 (4.1) 也是寻找敌论者能接受的因的过程，(4.1) 至 (4.3) 是从该因出发，根据各应成式中因与宗后陈之间的周遍关系，层层回溯的论证过程。这里，我们要求，目

的就是保证 M_j 的外延严格比 M_i 的外延小,其直观用意就是直接从"S 是 P"的论证过程中提取一个因来论证"S 不是 P"。(5.1)是重述已证结论"S 是 P",将其与后面所证的"S 不是 P"放在一起,目的是提醒敌论者,其所接受的原主张"若是 M,遍是 P 故"将推出矛盾。(6.1)至(6.2)是敌论者认识到错误并承认 S 是反例的过程。

三 因明唐疏六因论证机制下的辩经

因明唐疏六因论证机制以生因、了因二分来表示论辩中严格的对立情境。从生因的视角看辩经,反驳者为了迫使敌论者放弃原来的主张,不断地抛出应成式。在这一过程中,应成式是言生因,言生因表达了智生因和义生因。智生因是指反驳者提出应成式的智慧,主要表现在反驳者发现敌论者基本主张中的反例,能够迫使敌论者放弃原来的主张。义生因是指反驳者根据"许因""许周遍"的应成式规则赋予应成式语言所表达的意义。从了因的视角看辩经,敌论者秉持基本主张,当反驳者抛出应成式时,应成式由言生因转化为言了因。通过言了因理解义了因,即根据"许因""许周遍"的论证规则解读应成式表达的意义,最终产生智了因。智了因以果的方式体现,即通过敌论者对应成式的四种回答来体现智了因。当敌论者用四种方式回应反驳者的应成式时,智了因、义了因转化为新的一轮智生因、义生因,四种回答即为言生因,反驳者听到敌论者的回答,言生因转化为言了因,根据"许因""许周遍"的论证规则解读义了因,并重新抛出应成式,该应成式作为结果能够体现出反驳者的智了因。

从因明唐疏六因论证机制来看单个应成式,见表 7-3,辩经的思维理路可以用因明唐疏六因论证机制诠释。从生因的角度来看,反驳者智生因领悟义生因,即以立论者的基本观点若 M 是 P 为前提,根据 S 是 M,推出 S 是 P,组织言生因即应成式"S 有法,应是 P,是 M 故"进行反驳。从了因的角度来看,立论者听到反驳者抛出的应成式，言生因即刻转化为言了因。立论者根据言了因解得义了因，即反驳者从"S是P吗？""S是M吗？""有P是M吗？"三个层面判定应成式，实质上是从"许因""许周遍"两个方面来判定应成式能否成立。若立论者认可"S是P"，那么即视反驳者的反驳为一次成功的反驳，若立论者不能"许因"或者"许周遍"，那么反驳者可以继续组织应成式进行反驳，进入下一轮六因论证机制的应用。需要注意的是，反驳者抛出应成式，立论者判定应成式并回答，即是六因论证机制的一次使用。一场完整的辩经是对六因论证机制的反复使用。

表7-3　　　从因明唐疏六因论证机制看单个应成式

论辩主体	论证机制	辩经思维理路（单个应成式）
反驳者攻方	智生因	反驳者发现反例S在外延上属于M，但不属于P。
	义生因	反驳者认为，立论者的基本观点是若M则P，根据S是M，所以S是P。
	言生因/言了因	反驳者用应成式进行反驳：S有法，应是P，是M故。
立论者守方	义了因	立论者的基本观点：若M则P。 S是P吗？ S是M吗？ 有P是M吗？
	智了因	承许、因不成、不周遍、周遍相违。

根据论辩阶段，我们将辩经分为准备阶段、对抗阶段、宣布结果阶段。这样能够有层次地挖掘攻守双方的论辩策略。既能从局部看到攻守双方每一阶段的目的和意图，又能从整体上把握论证结构，掌握具体的论式和论辩策略。尤其是在对抗阶段，反驳者通过设置应成连珠，形式上是为了找到敌论者基本主张中的矛盾，采用归谬法使其在论辩中失败，实质上是通过论证因、论证周遍，让敌论者能够真正从认识上明白其基本主张中的错误。对此，我们用表格来呈现辩经的论证过程（见表7-4）。

表 7-4　　　　　　　　　　　辩经论证过程

参与者	反驳者、敌论者、证者		
情境设定	攻方和守方的基本观点是矛盾的，存在意见分歧。攻方为了反驳守方的基本观点，采用应成式对辩，力图通过反驳说服守方。		
准备阶段	守方基本观点为"若是 M，遍是 P"，攻方认为"若是 M，不周遍是 P"。		
对抗阶段	攻方策略	找到反例 S，通过归谬法，迫使守方基本论点的周遍关系不成立。	
		攻方论证因	假设"若是 M，遍是 P"成立，S 是 M，所以 S 是 P。(1.1) 至 (2.i)。
		攻方论证周遍	实际上，S 是 M，但 S 不是 P。(3.1) 至 (4.3)。
	守方判定	结合实际，使用"承许""因不成""不周遍""周遍相违"回应攻方。	
宣布结果	守方基本论点"若是 M，遍是 P"中存在反例 S 是 M 但不是 P，出现矛盾。攻方胜利，守方失败。		

纵观辩经的一般形式（见表 7-2），辩经对抗阶段中，反驳者设置应成连珠是为了让敌论者承认第一句应成式即 (1.1)。对此，反驳者在宏观上要进行两步论证，第一步是论证"因"即 (1.1) 至 (2.i)，第二步是论证"周遍"即 (3.1) 至 (4.3)。这样一来，整场辩经实质上就是对 (1.1) 的论证，由此，我们也可以将整场辩经的对抗阶段看作是对六因论证机制在宏观上的一次使用。反驳者抛出的每个应成式都是为了能够最终证成 (1.1)，敌论者的每一次回答表明其对反驳者应成式中宗前陈与因的关系、因与宗后陈的关系持肯定或否定态度，或者说敌论者以四种回答方式表明了他对反驳者应成式的接受程度，这也决定了反驳者是否要追加应成式继续来论证。而反驳者所追加的应成式则要保证其因与其前一个应成式的因之间在外延上是收敛的，也就是说，追加的应成式的宗后陈是前一个敌论者认为"因不成"的应成式的因。这就保证了敌论者一旦承认反驳者抛出的应成式，那么由此回溯，也势必要承认最初的应成式，即 (1.1)。从六因论证机制来看，言生因是反驳者抛出的应成式，义生因是反驳者依据"许因""许周遍"和外延收敛的论辩规则而赋予每一句应成式的表达意义，智生因是反驳者依据论辩

规则抛出应成式的智慧。敌论者听到反驳者的应成式，言生因转化为言了因，根据"许因""许周遍"的论证规则理解出义了因，通过语言表述即四种回答，体现敌论者对反驳者应成式的接受情况。

综上所述，笔者以摄类学中典型的"红白"颜色之辩为例，从因明唐疏六因论证机制，分析辩经论辩规则的应用，直观地给出辩经的一般形式，使我们清晰地看到辩经的本质是一种排除矛盾的有效途径，在论证上采用归谬法，是"用对方所承认的'因'，能够肯定正确地引申或成立他们所不承认的宗"[①]。一场完整的辩经是对六因论证机制的反复使用，采用因明唐疏六因论证机制来看辩经，有利于我们从言、义、智三个角度来分析辩经使用的应成式和论证规则。虽然藏传佛教辩经的形式很灵活，具体到每一辩经的过程，其论证方式可能有所不同，但是它们与"红白"颜色之辩所运用的规则和用意，在本质上是相同的，都是通过确立"因"与"周遍"关系来保证推理的有效性，在具体的论证过程中采用归谬法，能够有效地排除我们信念中的矛盾，保证我们认知的一致性，为我们进行决策时提供思维路径。对于促进理性对话，消解意见分歧具有重要的积极作用。

---

① 王森：《藏传因明与汉传因明之异同》，载张忠义、光泉、刚晓编《因明新论——首届国际因明学术研讨会文萃》，中国藏学出版社 2006 年版，第 77 页。

结　　论

本书结合论证理论研究的逻辑进路、论辩进路、修辞进路，兼顾规范维度与描述维度，从广义论证视角系统地研究因明唐疏，得出如下结论：

第一，通过考察因明唐疏的认识论基础，发现因明唐疏论证理论来源主要是陈那新因明早期思想，注重因明论辩的实践性。因明唐疏的认识论主要由两部分构成，一是因明唐疏本身所阐释的量论，二是因明唐疏诠解陈那新因明早期思想时所蕴含的唯识论观点。在量论思想上，因明唐疏"以智从境"继承陈那"依二相唯立二量"的观点，并认为现量是比量的基础，比量建立在现量之上。在唯识论思想上，因明唐疏以"假必依实"的原则沟通两重世界、两种真实，通过能量、所量、量果厘清相分、见分、自证分及证自证分的关系，体现识分一体，识外无境，万法唯识。此外，在唐疏中，因明与唯识相互独立自成体系，但又相辅相成、相互交融。

第二，首先，通过梳理因明唐疏的研究对象，在"八门二益"中，因明唐疏论证理论研究的是"悟他门"（能立、似能立、能破和似能破），但由于现量和比量是"立具"，能够间接地开悟他者，因此，也属于因明唐疏论证理论研究的对象。其次，从现量和比量的认知方式来看，因明唐疏论证理论研究的内容属于比量范畴，是在共相层面探讨"立（能立）""破（能破）"。最后，在诠释能立、似能立、能破和似能破定义的基础上，厘清立破关系，发现从论证的效果上看，能立即能破，似能立即似能破，因此，探讨了能立与似能立，能破与似能破的实质也就明白了。从这个意义上说，因明虽重"立""破"之说，但以阐述"能立与似能立"为重。实质上，这也反映出因明唐疏评价论证的根本标准在于论证的实效性，而不仅仅是论证形式的有效性和论据的真实性。

第三，通过阐述因明文本中的论证机制，发现因明唐疏"六因说"的前身是"二因说"，在因明中，"二因说"最早的雏形见于世亲《如实论》，后被陈那明确引入阐述因明论证，至因明唐疏发展为"六因说"。首先，六因之所以会有生因和了因的分别，最直接的原因是两者产生的结果不同。生因如种生芽，具有生起智慧的作用，是立论者自悟的过程，因此以"生"得名；了因如明灯照物，能够了解明白他物，是立论者的论证悟他的过程，因此以"了"得名。此外，还间接地显示了论辩中立论者和敌论者明确对立的两种立场——立论者的辩护立场和敌论者的质疑立场。其次，生因、了因各自从言、义、智分为言生因、言了因、义生因、义了因、智生因和智了因。智生因和智了因明确了论辩主体是具有智慧的理性人，智生因为立论者，智了因为敌论者。言生因和言了因都是指因明论证的语言表达形式即三支论式，言生因是指立论者提出的论证，言了因是指立论者提出的论证是敌论者的认知对象。义生因和义了因是三支论式所表达的具体意义，由论证规则进行判定，如果三支论式是正确的，即立论者提出的论证能够使敌论者理解并接受，那么立论者的义生因与敌论者的义了因的所指是一致的。如果立论者的义生因与敌论者的义了因不一致，那么立论者提出的论证就会存在过失。本书通过梳理因明唐疏中的"因"，发现"因"的解释包括两个层面：（1）现实因果关系层面，即生因；（2）逻辑因果关系层面，即了因。在这两个层面下，"因"的具体所指是不同的。通过图示分析六因之间的因果关系是现实因果关系，而六因本身描述的是论辩中从立论者提出论证（生因）到敌论者理解、接受论证（了因）的过程，是逻辑因果关系。因此，六因是从现实因果的角度诠释论辩中逻辑因果实现其认知功能的过程。

第四，因明唐疏中的论式是三支论式。三支论式是陈那改革五支论式而来，被因明唐疏继承和发展。本书认为，之所以要改革五支论式，最根本的原因是五支论式是从特殊到特殊的类比推理形式。本书从类比推理的相似性、映射性和语用性来看，五支论式在论辩中容易受到攻击。但从认知上看，五支论式的类比形式在论辩中能够唤起对方的经验认识，因而三支论式保留喻依，其实质是，保留喻依具有的语用认知功能和映射结构周遍关系的作用。此外，本书在述评当前因明论式比较研究现状的基础上，从论证型式看因明唐疏三支论式，尤其是比较因明唐疏三支论式与图尔敏论证模型，发现因明唐疏三支论式的独特性在于论式中概念层级的划分，喻依的作用，以及喻支中同喻、异喻的功能。

第五，本书认为，从狭义论证来看，因明唐疏三支论式的形式规则是因三相。但因明唐疏论证是广义论证，因此，因明唐疏论证的规则不仅涉及逻辑意义上的形式规则，还涉及论辩和修辞规则。大体上，形式规则包括辩因规则、引喻规则，保证了论证的充分性和相关性。论辩和修辞规则包括立宗规则，用以构造对立语境，共许极成规则，以极成来成立不极成，保证了论证的可接受性，以及喻依必须"除宗有法"，避免论辩中循环论证。此外，从因明唐疏梳理的谬误中可以反观其论证规则，发现共许极成规则是因明唐疏论证的广义规则。

第六，本书从知识论视角，认为共许极成规则的内容是极成真实。极成真实包括概念层面的世间极成真实和关系层面的道理极成真实。其中概念层面的世间极成真实强调共许极成宗依、因法、同喻依和异喻依；关系层面的道理极成真实强调共许极成"遍是宗法性，同品定有性，异品遍无性""说因宗所随，宗无因不有"。

第七，本书认为因明唐疏中的"简别"是建立在"共许极成"基础上的论辩策略。共许极成规则通过简别的方法应用于实际论辩，是主体参与论辩的策略行为。在论辩中，参与主体会采用利于己方的策略行为，来实现论证的效果，说服对方。依据立论者的目的和意图，可以分为自比量、他比量和共比量，应用简别的方法有利于保护文化的多样性。

第八，从因明唐疏论证理论剖析藏传辩经。从论式来看，辩经采用的应成式本质上是"宗—因"形式的二支论式。从论证规则来看，应成式"许因""许周遍"的要求大致相当于因明唐疏论证规则中的因三相规则和共许极成规则。从论证机制看红白颜色之辩，辩经中立敌双方每一次应成式的提出与判定，都是六因论证机制的一次应用，一场辩经是六因论证机制的反复应用。作为当前仍存于世的因明论辩活动，辩经所呈现的思维方式，为理性和批判性思维提供借鉴，有助于促进理性对话，消除意见分歧。从因明唐疏论证理论分析藏传辩经，一方面，能够凸显因明唐疏作为优秀传统文化所具有的顽强文化生命力，另一方面，也显示出因明唐疏论证理论具有巨大的方法论意义，可以为分析具体的论辩活动提供重要参考。

因明唐疏是汉传因明的重要理论成果，未来在因明唐疏论证理论的基础上，汉传因明论证理论乃至中国因明论证理论，将是非常重要的议题。

参考文献

一　因明经典文献

［印度］陈那：《因明正理门论本》，（唐）玄奘译，CBETA 2024. R1，T32，no. 1628。

《解深密经》，（唐）玄奘译，CBETA 2024. R1，T16，no. 676。

（唐）慧沼：《因明入正理论义纂要》，CBETA 2024. R1，T44，no. 1842。

（唐）慧沼：《因明义断》，CBETA 2024. R1，T44，no. 1841。

（唐）窥基：《成唯识论述记》，CBETA 2024. R1，T43，no. 1830。

（唐）窥基：《因明入正理论疏》，CBETA 2024. R1，T44，no. 1840。

［印度］弥勒：《辩中边论颂》，（唐）玄奘译，CBETA 2024. R1，T31，no. 1601。

［印度］弥勒：《瑜伽师地论》，（唐）玄奘译，CBETA 2024. R1，T30，no. 1579。

［日］善珠：《因明论疏明灯抄》，东京：佛书刊行会1914年版。

［印度］商羯罗主：《因明入正理论》，（唐）玄奘译，CBETA 2024. R1，T32，no. 1630。

（唐）神泰：《因明入正理门论述记》，CBETA 2024. R1，X53，no. 847。

［印度］世亲：《辩中边论》，（唐）玄奘译，CBETA 2024. R1，T31，no. 1600。

［印度］世亲：《如实论》，［印度］真谛译，CBETA 2024. R1，T32，

no.1633。

[印度] 世亲：《唯识三十论颂》，（唐）玄奘译，CBETA 2024.R1，T31，no.1586。

[印度] 无著：《阿毗达磨集论》，（唐）玄奘译，CBETA 2024.R1，T31，no.1605。

（唐）智周：《因明入正理论疏抄》，CBETA 2024.R1，X53，no.855。

（唐）智周：《因明入正理论疏前记》，CBETA 2024.R1，X53，no.853。

（唐）智周：《因明入正理疏后记》，CBETA 2024.R1，X53，no.854。

二　专著

（唐）净眼：《因明入正理论后疏》，沈剑英校补，载《敦煌因明文献研究》，上海古籍出版社2008年版。

（唐）净眼：《因明入正理论略抄》，沈剑英校补，载《敦煌因明文献研究》，上海古籍出版社2008年版。

（唐）文轨：《因明入正理论文轨疏》，沈剑英校补，载《敦煌因明文献研究》，上海古籍出版社2008年版。

（唐）窥基：《因明大疏校释》，梅德愚校释，中华书局2013年版。

陈大齐：《因明大疏蠡测》，载释妙灵主编《真如·因明学丛书》，中华书局2006年版。

陈大齐：《因明入正理论悟他门浅释》，载释妙灵主编《真如·因明学丛书》，中华书局2007年版。

陈望道：《因明学概略》，载释妙灵主编《真如·因明学丛书》，中华书局2006年版。

达哇：《汉藏因明逻辑思想比较研究》，青海民族出版社2021年版。

方立天：《佛教哲学》，中国人民大学出版社2012年版。

傅新毅：《识体与识变——玄奘唯识学的基本问题》，中西书局2024

年版。

刚晓：《汉传因明二论》，宗教文化出版社 2003 年版。

刚晓：《〈集量论〉解说》，甘肃民族出版社 2008 年版。

淮芳：《因明过论研究》，人民出版社 2016 年版。

霍韬晦：《佛家逻辑研究》，台北：佛光出版社 1979 年版。

剧宗林：《藏传佛教因明史略》，载释妙灵主编《真如·因明学丛书》，中华书局 2006 年版。

李润生：《正理滴论解义》，香港：密乘佛学会 1999 年版。

林崇安：《佛教因明的探讨》，台北：慧炬出版社 1991 年版。

吕澂：《因明纲要》，载释妙灵主编《真如·因明学丛书》，中华书局 2006 年版。

吕澂：《因明入正理论讲解》，载释妙灵主编《真如·因明学丛书》，中华书局 2007 年版。

沈剑英：《敦煌因明文献研究》，上海古籍出版社 2008 年版。

沈剑英：《佛教逻辑研究》，上海古籍出版社 2013 年版。

沈剑英总主编：《民国因明文献研究丛刊》（全 24 辑），知识产权出版社 2015 年版。

石村：《因明述要》，载释妙灵主编《真如·因明学丛书》，中华书局 2006 年版。

释刚晓：《〈正理经〉解说》，宗教文化出版社 2005 年版。

释水月：《古因明要解》，载释妙灵主编《真如·因明学丛书》，中华书局 2006 年版。

顺真：《〈释量论成量品略解〉浅疏》，甘肃民族出版社 2011 年版。

顺真：《〈释量论自义比量品略解〉浅疏》，甘肃民族出版社 2017 年版。

宋立道释译：《因明入正理论》，东方出版社 2020 年版。

汤铭钧：《玄奘因明思想论考》，中西书局 2024 年版。

王恩洋、周叔迦：《因明入正理论释（二种）》，崇文书局 2024 年版。

王克喜、郑立群：《佛教逻辑发展简史》，中央编译出版社 2012 年版。

王森：《藏传因明》，载释妙灵主编《真如·因明学丛书》，中华书局 2009 年版。

吴汝钧：《佛教的概念与方法》，台湾商务印书馆 1988 年版。

武宏志：《论证型式》，中国社会科学出版社 2013 年版。

熊十力：《唯识学概论 因明大疏删注》，上海古籍出版社 2018 年版。

许地山：《陈那以前中观派与瑜伽派之因明》，载释妙灵主编《真如·因明学丛书》，中华书局 2006 年版。

杨化群著译：《藏传因明学》，载释妙灵主编《真如·因明学丛书》，中华书局 2009 年版。

杨武金：《墨经逻辑研究》，中国社会科学出版社 2004 年版。

姚南强：《汉传因明知识论要义》，知识产权出版社 2019 年版。

姚南强：《因明新说》，上海社会科学院出版社 2015 年版。

姚卫群：《佛教与印度哲学研究》，中国大百科全书出版社 2015 年版。

姚卫群：《印度婆罗门教哲学与佛教哲学比较研究》，中国大百科全书出版社 2014 年版。

虞愚：《因明学》，载释妙灵主编《真如·因明学丛书》，中华书局 2006 年版。

张晓翔：《汉传因明的传承与发展研究》，人民出版社 2017 年版。

张忠义：《因明蠡测》，人民出版社 2008 年版。

郑堆主编：《中国因明学史》，中国藏学出版社 2017 年版。

郑伟宏：《佛家逻辑通论》，中西书局 2024 年版。

郑伟宏主编：《佛教逻辑研究》，中西书局 2015 年版。

郑伟宏：《因明大疏校释》（全 2 册），中西书局 2020 年版。

［加］董毓：《批判性思维十讲：从探究实证到开放创造》，上海教育出版社 2019 年版。

［荷］范爱默伦等：《论证理论手册》，熊明辉等译，中国社会科学出版社 2020 年版。

［日］桂绍隆：《印度人的逻辑学——从问答法到归纳法》，肖平、杨金萍译，宗教文化出版社 2011 年版。

［日］末木刚博：《东方合理思想》，孙中原译，江西人民出版社 1990 年版。

［日］梶山雄一：《印度逻辑学的基本性质》，张春波译，商务印书馆 1980 年版。

［日］梶山雄一：《印度逻辑学论集》，张春波译，贵州大学出版社 2016 年版。

［日］武邑尚邦：《佛教逻辑学之研究》，顺真、何放译，载释妙灵主编《真如·因明学丛书》，中华书局 2010 年版。

［日］武邑尚邦：《因明学的起源和发展》，杨金萍、肖平译，载释妙灵主编《真如·因明学丛书》，中华书局 2008 年版。

［英］渥德尔：《印度佛教史》，王世安译，商务印书馆 1987 年版。

［英］亚瑟·伯林戴尔·凯思：《印度逻辑和原子论——对正理派和胜论的一种解说》，宋立道译，中国社会科学出版社 2006 年版。

［美］詹姆斯·B. 弗里曼：《论证结构：表达和理论》，王建芳译，中国政法大学出版社 2013 年版。

三　论文

陈帅：《窥基〈因明大疏〉对真似的判断说明》，《佛学研究》2020 年第 1 期。

陈帅：《窥基注疏中的理论整合：以〈因明大疏〉中对二宗依的解释为例》，《政治大学哲学学报》2018 年第 1 期。

陈帅：《印、汉因明中的概念衍化：以因同品、因异品为例》，《哲学门》2019 年第 1 期。

陈彦瑾：《试析论证研究中语境及社会性因素的介入——从语用论辩术的理论视角看》，《逻辑学研究》2012 年第 4 期。

杜国平：《逻辑应用的范围》，《光明日报》2016年4月13日第14版。

傅光全：《百年中国因明研究之逻辑转向》，《中国社会科学报》2019年1月29日第7版。

傅光全：《汉传因明的形式化研究》，《哲学动态》2017年第12期。

傅光全：《汉传因明与非形式逻辑的联动》，《哲学动态》2016年第7期。

傅光全：《因明何以成绝学》，《中国社会科学评价》2020年第3期。

甘伟：《陈那〈观所缘缘论〉的佛学论证》，《五台山研究》2020年第4期。

郭桥：《九句因辩证——基于汉传因明不同类型文本的考察》，《宗教学研究》2021年第1期。

郭桥：《因三相辩证》，《逻辑学研究》2019年第1期。

何杨、鞠实儿：《逻辑观与中国古代逻辑史研究的史料基础》，《哲学动态》2019年第12期。

金立、应腾：《论辩理论及其应用》，《浙江社会科学》2011年第12期。

鞠实儿：《广义论证的理论与方法》，《逻辑学研究》2020年第1期。

鞠实儿、曾欢：《基于广义论证理论的藏传寺院辩经研究》，《社会科学战线》2021年第4期。

李小五、曾昭式：《三支论式的逻辑研究》，《河南社会科学》2019年第7期。

李学竹：《西藏贝叶经中有关因明的梵文写本及其国外的研究情况》，《中国藏学》2008年第1期。

李亚乔、田立刚：《汉传因明"除宗有法"问题研究》，《河南师范大学学报》（哲学社会科学版）2019年第2期。

林镇国：《逻辑或解经学——初期大乘瑜伽行派"四种道理"理论性格之探究》，《台大佛学研究》2007年第14期。

刘培育：《中国因明研究的可喜进展》，《光明日报》2016年7月13

日第 9 版。

沈剑英：《因明研究的学理要义与现实使命》，《中国社会科学评价》2020 年第 3 期。

顺真：《陈那、法称"宗论"阐微》，《哲学研究》2019 年第 11 期。

顺真、汤伟：《因明唐疏系统的历史建构》，《中国社会科学报》2020 年 8 月 4 日第 6 版。

顺真：《印度陈那、法称"二量说"的逻辑确立》，《逻辑学研究》2018 年第 3 期。

顺真：《印度陈那、法称量论因明学比量观探微》，《中山大学学报》（社会科学版）2019 年第 6 期。

孙中原：《因明绝学抢救性研究的意义》，《中国社会科学评价》2020 年第 3 期。

汤铭钧：《佛教逻辑学的论辩解释与认知解释——陈那、法称与因明》，《逻辑学研究》2021 年第 1 期。

汤铭钧：《汉传因明的"能立"概念》，《宗教学研究》2016 年第 4 期。

汤铭钧：《论佛教逻辑中推论前提的真实性问题》，《逻辑学研究》2009 年第 1 期。

汤铭钧：《元晓的相违决定量及与文轨的互动》，《台大佛学研究》2019 年第 38 期。

汤铭钧：《论东亚因明传统》，《哲学门》2019 年第 1 期。

汪楠、杨武金：《藏传因明辩经规则探析》，《中国社会科学报》2019 年 10 月 8 日第 5 版。

王俊淇：《月称〈明句论〉中的自他共比量》，《世界哲学》2020 年第 3 期。

熊明辉：《论证理论研究：过去、现在与未来》，《南国学术》2016 年第 2 期。

许春梅：《藏传辩经原则的形式化》，《世界宗教文化》2018 年第 6 期。

许春梅：《陈那因明的为自比量与三段论比较研究》，《法音》2020年第 5 期。

许春梅：《陈那因明同、异品是否除宗有法之辨析》，《法音》2019年第 7 期。

许春梅：《从十四过类角度探究新因明的创新与贡献》，《世界宗教文化》2020 年第 3 期。

许春梅：《九句因理论的形式语义学》，《逻辑学研究》2018 年第 4 期。

许春梅：《〈因轮抉择论〉探微》，《世界宗教文化》2017 年第 4 期。

杨武金：《论非形式逻辑及其基本特征》，《贵州大学学报》（社会科学版）2007 年第 4 期。

曾祥云：《因明：佛家对话理论》，《世界宗教研究》2003 年第 2 期。

曾昭式：《唐代因明与佛学论证研究 70 年》，《中山大学学报》（社会科学版）2019 年第 5 期。

曾昭式：《唯识比量与佛学论证》，《逻辑学研究》2019 年第 1 期。

翟锦程、李敏：《从逻辑学的角度看论证理论的进展与演进方向》，《南开学报》（哲学社会科学版）2019 年第 1 期。

张春泉、陈光磊：《因明：一种言语博弈理论——兼析陈望道之语用逻辑观》，《华东师范大学学报》（哲学社会科学版）2008 年第 5 期。

张汉生、庄明：《非形式逻辑视野下的因明性质探析》，《燕山大学学报》（哲学社会科学版）2009 年第 4 期。

郑伟宏：《论玄奘因明成就与文化自信——与沈剑英、孙中原、傅光全商榷》，《中国社会科学评价》2021 年第 2 期。

郑伟宏：《论印度陈那因明非演绎》，《西藏研究》2021 年第 1 期。

［日］长崎法润：《概念与命题》，顺真、方岚译，《世界哲学》2016年第 3 期。

［日］武邑尚邦：《印度大乘唯识宗"七因明"学说的逻辑特征》，

顺真译,《毕节学院学报》2010 年第 7 期。

［荷］范爱默伦:《从"批判性讨论"的理想模型到具体情境中的论证性会话——"语用论辩术"论证理论的逐步发展》,谢耘译,《逻辑学研究》2015 年第 2 期。

［荷］范爱默伦:《语用论辩学:一种论证理论》,熊明辉译,《湖北大学学报》(哲学社会科学版) 2017 年第 5 期。

四 外文文献

Christoph Harbsmeier, "Language and Logic", *Science and Civilisation in China*, Cambridge: Cambridge University Press, 1998.

Dumitriu Anton, *History of Logic*, Bucharest: Editura Didactica, 1975.

Fabien Schang, "Two Indian Dialectical Logics: Saptabhaṅgī and Catuṣkoṭi", *Journal of Indian Council of Philosophical Research*, 2010.

I. M. Bochenski, *A History of Formal Logic*. trans, Ivo Thomas, University of Notre Dame Press, 1961.

Jonardon Ganeri, *Indian Logic: A Reader*. London and New York: Taylor & Francis Group, 2001.

Prabal K. Sen and Amitachatter Jee, "Navya-Nyāya Logic", *Journal of Indian Council of Philosophical Research*, 2010.

Richard S. Y. Chi, "Buddhist Formal Logic", *Philosophy East and West*, 1973 (4).

Sadajiro Sugiura, *Hindu Logic as Preserved in China and Japan*, Philadelphia: University of Philadelphia, 1900.

Shohei Ichimura, "On the Relationship between Nāgārjuna's Dialectic and Buddhist Logic", *Journal of Indian and Buddhist Studies*, 1997 (2).

Stcherbatsky F. Th., *Buddhist Logic*, vol. I, Delhi: Motilal Banarsidass Publishers, 1994.

Stcherbatsky F. Th., *Buddhist Logic*, vol. II, Delhi: Motilal Banarsidass Publishers, 1994.

Stephen E. Toulmin, *The Use of Argument*, New York: Cambridge University Press, 2003.

索　引

B

八门二益　6，23，26，30，46，47，51，52，54，60，61，68，215

比量　1，2，6，18，21—23，26，28，31—38，40，43，44，46—55，58，61，63，64，67，94，106，117—119，132，149，150，152，171，173，175，179，181，183，184，192—196，204，215，218

辩因　27，29，58，63，67，137，140，153，167，179，196，217

C

策略行为　25，28，192，194，196，217

第五句因　23，160，162，163，171

E

二因说　26，80，85，88，92，216

F

法式　117—119，199

G

共比量　18，21，28，192—196，204，218

共相　33—38，40，43—45，55，179，192，215

共许极成　18，27—29，37，61，123，137，140，151，152，154—156，166，168，171，175，178—181，185，186，188，190—192，194—196，203，204，217，218

H

红白颜色之辩　197，204—206，210，218

J

极成真实　27，29，180—187，191，217

假必依实　40，185，215

简别　18，21，22，29，157，158，179，191—193，196，204，217，218

见分　41—46，215

九句因　2，13，15，23，129，140，159-162，166，169—171，175，178

L

立宗　17，18，27，29，50，58，63—65，67，81，84，87，91，92，115，122，123，131，137，140，144，148—152，175，178，179，186—188，196，200，217

量果　34，35，41—44，46，118，215

量论　1，3，25，29—32，43，47，54，55，104，197，215

了因　21，26，27，66，80，81，87—89，91—95，100—102，105，108，153，166，169，204，211，216

六因说　18，21，26，80，85，88，89，92，104—106，118，216

论证的实效性　20，26，29，51，65，66，77，78，80，88，97，172，216

论证型式　120，135—139，141，144，147，217

逻辑因果关系　26，27，86，87，100—103，136，216

N

能立　6，9，17，21，23，26，31，46，48—55，58，60—67，69—71，73—79，87，90—92，95，96，98，106，115，120，124，148，149，151，152，165，166，172，181，186，189，193，199，204，215，216

能破　6，9，23，26，29，31，46—48，50—52，55，58，60，61，68，70，71，73—79，87，118，172，173，181，193，199，204，215，216

S

三支论式　2，9，10，12，13，16，17，19，21，26—29，58，59，61，62，65，66，90，93，98—102，108—110，116—120，122，125，129—141，143—147，154，156，159，163，164，167，172，179，188—192，196，198，199，203，216，217

生因　21，26，27，80—83，85—94，98—103，105，108，154，204，205，211，216

十四过类　69，73－76，87，113，116

四句　71—74，160，170，175，178

似能立　26，47，48，52—55，58，60，61，66—68，70，71，73—79，215，216

似能破　26，47，48，52，55，58，60，68—79，203，215，216

俗谛　39，40，181，183—186

所缘缘　45，49

T

他比量　18，21，28，48，117，192—196，204，218

同品　2，17，18，21—23，67，70，125—130，132，140，145，151，153，154，156—166，168—171，175，178，188，189，191，204，217

图尔敏论证模型　19，27，58，141—144，147，217

W

违他顺自　17，152

唯识论　25，29，31，38，40，45，182，184，215

未了义　49，50

五支论式　2，17，19，27，64，110—116，119，134，189，190，217

悟他　6，17，18，25，26，28，31，46—52，54，62，65，66，74，76，77，80，90，97，102，108，117，141，172，173，179，190，192，193，216

X

现量　2，6，23，31—38，40，43，44，46，47，51—55，61，63，64，67，94，106，

118，149，150，152，173，
183，184，215
现实因果关系　26，27，86，
87，100—103，108，216
相分　40—46，182，215
相违决定　67，71，74—76，
140，141，170—173，179
相违因　160，169，170，
173—176，178

Y

言了因　80，82，83，85，89，
91—93，96，99，102，103，
105，106，108，109，153，
154，211，212，214，216
言生因　21，49，80，82—85，
89—99，102，103，105，
106，108，109，148，153，
211—214，216
义了因　80，82，83，85，89，
91—93，96，99，102，103，
105，106，108，109，153，
211，212，214，216
义生因　21，80，82，83，85，
89—93，95，96，99，102，
103，106，108，109，153，
211—213，216
异品　2，17，21—23，67，
70，125，127—130，140，

145，147，151，153，156—
166，168—171，175，178，
188，189，191，204，217
因明　1—42，45—55，58—71，
73—85，87—108，110—113，
116—141，143—160，162—
167，169—181，184—200，
203—205，211，212，214—218
因明唐疏　1，3—6，8，9，
11，12，18，21—33，35，
38，40，41，46，47，49—
52，54，55，58—62，66—
71，75，79，80，85，88，
89，92—95，97，99—104，
106—108，110，116，119，
120，122—125，129，130，
132，133，135—141，143—
149，151—154，156，157，
159，163，164，167，169，
171，172，178，179，181，
184—192，194，196，197，
199，203—205，211，212，
214—218
因三相　2，15，19，26，53，
61，66，88，93，99，109，
131，134，136，139，146，
153，154，159，167，168，
170—172，177，178，188—
191，196，203，204，217，

218

引喻　27，29，58，63，67，137，140，164，167，179，196，217

应成连珠　205，208，209，212，213

应成式　29，117—119，197—205，208—214，218

喻依　12，17—19，23，27—29，112，116，118—120，124，125，129，130，133，145，146，156，157，162，163，165，166，171，176，188—191，196，217

Z

真谛　3，39，40，181，184，185

证自证分　41—44，46，215

智了因　21，49，80，82—85，89，91—97，102，103，105，108，109，148，154，211，212，216

智生因　80，82，83，85，89，90，92，93，95—97，102，103，108，109，211—213，216

中容品　158

自比量　18，21，22，28

自悟　6，25，26，33，46—52，54，93，117，216

自相　33—38，40，42—44，55，67，169，170，173—179

自证分　41—46，215

后　　记

这本书是在我博士学位论文的基础上修改完成的。2022年从中国人民大学毕业后，我回到了我的本科母校盐城师范学院马克思主义学院任教。非常荣幸，2023年我的博士学位论文获评"中国人民大学优秀博士学位论文"，后又申请到"国家社科基金优秀博士论文出版项目"。

有道是"常怀感恩之心，常念相助之人，常存敬重之意，常忆相聚之缘"，在此我要特别感谢我生命中的诸多良师益友！

非常感谢我的导师杨武金老师，感谢师门的兄弟姐妹，感谢我可爱的舍友，感谢我的发小们。我想，人生嘛，总是在不断地突破自我，只要脚踏实地地去做，总会有所收获。刚入学的一段时间，我感觉自己在这个高手如云的学校，显得那样的笨拙、格格不入，一直处于深深的自卑之中，尤其是在阅读英文文献时，发音不标准，词汇量不多，记性也不好，我的导师杨武金老师，并没有苛责于我，而是一直在开导我、鼓励我、支持我："英语不好慢慢来，勤能补拙嘛"，杨老师的教诲总是如此温和，大有"润物细无声"的感觉。在此期间我身边的同学、朋友都给予我很大的帮助，师门的兄弟姐妹也帮了我很多，尤其是张万强师兄、程橙师姐、王垠丹师妹。感谢逻辑学教研室所有的老师和同学。感谢我的小伙伴朱紫祎、宋歌、乔欢、张墨书、杨帆和光持法师，感谢你们，一路相伴！

感谢王勇老师、林书杰老师、许春梅老师。2018年年初，在清华大学书法所林书杰老师的组织下，清华因明读书会逐渐步入正轨。

我和中国社会科学院的许春梅老师每周五去书法所,大多数时候是下午我们三个一起读书,晚上我们会跟着林老师一起学习书法。结缘于读书会,我和林老师、春梅姐成了非常要好的朋友。当我在学习上陷入困难之时,他们会尽其所能地引导我;当我在生活中陷入困惑之时,他们会以"过来人"的经验宽慰我。感谢林老师、春梅姐,谢谢你们一直都在我的身边,支持我、帮助我,给予我最温暖的关怀!从学习到生活,亦师亦友,我们更像是结识在旅途中的小伙伴,虽说萍水相逢,却因志趣相投而无比亲切。2018年5月,北京大学因明论坛正式拉开了帷幕,杨老师向论坛发起人王勇老师推荐我过去帮忙,后来,王老师让我担任论坛的助理秘书,深入参与到北大因明论坛工作中。而我也非常荣幸地借着因明论坛,能够与因明学界的各位专家学者近距离交流。感谢王老师给予我的宝贵机会!

感谢我的家人、爱人。俗话说"养儿方知父母恩",感谢我的爷爷奶奶耿天成先生、谢竹英女士,感谢我的父母汪旭华先生、耿银萍女士,在我最需要帮助的时候,一直陪伴在我的身边,永远将我视若珍宝。感谢我的爱人罗江奇先生,这一路走来相信我、理解我、包容我、支持我,让我能够全身心地投入,无后顾之忧。感谢我的儿子罗聿之,让我感悟生命,为我带来欢乐,成为我的力量之源。

最后,由衷地感谢毕业论文匿名评审专家。感谢答辩委员会张连顺老师、孙中原老师、姚南强老师、杜国平老师和达哇老师。感谢国家社科基金优秀博士论文出版项目的匿名评审专家以及中国社会科学出版社的涂世斌、李嘉荣老师。感谢各位专家、前辈、师长给予的宝贵意见,使拙作得以顺利出版。

书中仍存在很多问题与不足,希望各位前辈、师长多多指正!

汪楠

2024年8月2日

于盐城悦城花园